你想多了

如何停止过度焦虑，简单生活

（乌克兰）蔡斯·希尔（Chase Hill）◎著

李阳◎译

化学工业出版社

·北京·

For the Work currently entitled How to Stop Overthinking, 1st edition by Chase Hill
ISBN 978-1-78076-194-7
Copyright © 2020 by Chase Hill. All rights reserved.
Translation copyright © 2023 by Beijing ERC Media, Inc.
Simplified Chinese rights arranged through CA-LINK International LLC (www.ca-link.com)

本书中文简体字版由 Chase Hill 授权化学工业出版社独家出版发行。
本版本仅限在中国内地（不包括中国台湾地区和香港、澳门特别行政区）销售，不得销
往中国以外的其他地区。未经许可，不得以任何方式复制或抄袭本书的任何部分，违者
必究。

北京市版权局著作权合同登记号：01-2022-1675

图书在版编目（CIP）数据

你想多了：如何停止过度焦虑，简单生活 /
（乌克兰）蔡斯·希尔（Chase Hill）著；李阳译 . —
北京：化学工业出版社，2022.11（2023.11 重印）
书名原文：How to Stop Overthinking: The 7-Step
Plan to Control and Eliminate Negative Thoughts,
Declutter Your Mind, and Start Thinking Positively
in 5 Minutes or Less
ISBN 978-7-122-42243-9

Ⅰ . ①你… Ⅱ . ①蔡… ②李… Ⅲ . ①焦虑 - 心理调
节 - 通俗读物 Ⅳ . ① B842.6-49

中国版本图书馆 CIP 数据核字（2022）第 184712 号

责任编辑：王冬军　张丽丽　　　　　　装帧设计：水玉银文化
责任校对：杜杏然　　　　　　　　　　版权引进：金美英

出版发行：化学工业出版社（北京市东城区青年湖南街13号　邮政编码100011）
印　　装：涿州市般润文化传播有限公司
880mm×1230mm　1/32　印张　6　字数　109千字
2023年11月北京第1版第2次印刷

购书咨询：010-64518888　　　　　售后服务：010-64518899
网　　址：http://www.cip.com.cn
凡购买本书，如有缺损质量问题，本社销售中心负责调换。

定　价：39.80元　　　　　　　　版权所有　违者必究

前　言

本书介绍并探讨了一些帮助你克服头脑过度活跃的方法。你的头脑在晚上、早上甚至一整天中，都可能会产生一些杂音或噪声，令你很难平静地生活。负面思维、过度思考和过分忧虑，这些都是大多数人感到抑郁甚至焦虑的原因。本书将讨论为何你会发现自己被诊断出患有某种你从来没想到的"障碍"，以及如何应对并与之相处。此外，书中提供了许多技巧，它们可以帮助你从个人层面探讨心理噪声的形成，并且教会你如何逐步克服它们。

你是否会躺在床上辗转反侧，彻夜难眠，为早先发生的事情忧心不已？你是否对自己在生活中做出的几乎每一个决定，事后都会反复思虑？你是否感到工作或友谊让你"压力山大"？本书的前7章即是解决这些问题的7个步骤。读读这本书，相信你会鼓起勇气来应对内心的恐惧，处理你的"完美主义",并克服你被诊断出的所谓的"障碍"。通过阅读本书,你可以明白的一件事情是,你的思想并不定义你的行动。在践行本书所提供的技巧和策略的整个过程中,你将会了解到自己的心理噪声是从哪里来的,以及如何解决它们。

别再为你今天做过的事情担忧,现在就开始活在当下;别再为明天而活,现在就开始积极地面对今天;别再为未来过度思虑,现在就开始为未来做出重大改变。我们能把握的只有今天,所以不要纠结于你在此前那个社交活动中本可以做什么,也不要试图掌控你的下一次约见,学会把握当下的这一刻吧。

也许你能从本书中学到的最重要一课,就是这样一个简单的事实:你的思想会对你生活的结果产生重要影响。尽管这可能是一个很难接受的说法(特别是对那些现在比以前更有头脑的人来说),但你现在需要做的就是学会积极。本书将探讨为什么你现在的思维方式不利于你的生存现状,以及积极的态度如何能够极大地改善和促成你想要的生活。所以,不要让你的思想束缚你,去自己掌控你想要的一切吧。本书最后还有一些课程和规划可以带你去实现梦想,而不是困于现状。

目　录

第 1 章　认清你的问题和过度思考的原因 // 001

第 2 章　10 个永久停止焦虑和担忧的有效
　　　　策略 // 021

第 3 章　应对负面思维 // 049

第 4 章　如何在几分钟内控制过度思考，消除
　　　　负面思维 // 067

第 5 章　积极起来 // 091

第 6 章　如何整理思绪，获得想要的人生 // 109

第 7 章　以简单的日常练习来克服拖延症 // 145

第 8 章　故障排除指南（假如前文没有帮助
　　　　到你）// 161

结　论　// 173

附录 1　一份免费礼物 // 175

附录 2　一些你可能感兴趣的书 // 177

The 7-Step

Plan to

Control and

Eliminate

Negative

Thoughts,

Declutter Your

Mind, and

Start Thinking

Positively in

5 Minutes or

Less

HOW
TO
STOP
OVERTHINKING

第 1 章

认清你的问题和过
度思考的原因

过度思考是指你似乎无法将某些事情从脑海中排除，你有无法控制的或侵入性的想法[1]，挥之不去。就是指你对周围的一切都小题大做，或者因为头脑中充塞着过多的想法，不堪重负，从而无法清晰地思考。过度思考意味着你在几乎每一种情况下都专注于可能发生的事情、应该发生的事情，或者"假如"会发生的事情。

当你过度思考时，你的大脑会陷入恶性的思维循环或思维模式。这就好像每周7天、每天24小时你都感到精神疲惫，因为你的大脑无法放松或停止工作。我们很容易被困在自己的头脑中，因为我们生活的世界和宇宙要求我们

---

[1] 此处为 intrusive thoughts，即"侵入性思维"，指一些不受控的奇怪想法会毫无来由地闯进我们的脑海里。——编者注

思考我们所做的每一件事、我们希望的每一件事和我们相信的每一件事。过度思考会导致紧张、焦虑、抑郁和其他心境障碍。过度思考者不断强调他们的责任，他们是否是好人，是否做出了正确的选择，以及他们是否卓有成效。思想构成了我们是谁，或者我们想成为什么样的个体，因为思想促成行动，行动造就性格。既然每天都有那么多事情要想，难怪我们的大脑会超负荷运转。

你知道你是否过度思考吗？也许你认为是，但随后一想，又说服自己并不是，这又会导致你稍后再问自己原先的问题："我是不是过度思考了?"对有些人来说，过度思考就是他们的生活方式，他们不由自主地对每件事都感受到压力。一旦你开始过度思考，就很难控制甚至阻止它。

下面一些迹象表明，你的大脑已经被困住了，并且陷入了超负荷状态中：

1. 失眠

当人们无法停止思考时，就会失眠。你可能一整天都很累，然而当躺下睡觉或休息时，立刻就清醒了。你的脑海里充斥着各种还没有做的事情、想做的事情，或者已经做过却可能做得不完美的事情。你的心思纠结于你不能控制的事情，或者本可以控制却没有控制的事情。这时你会发现自己被困在了"精神监狱"里。这也叫作过度思考，它会导致失眠。

2. 生活在焦虑中

如果你不能把将要发生或尚未发生的每一个场景都反复思考和计划好，你就不能放松，那么这就是一个信号，表明你被困在了自己的头脑中。大多数不能停止过度思考的人都会求助于酒精或处方药来淹没他们的思绪，只是为了求得些许平静。如果你的想法让你感到焦虑，而且你惧怕未知且似乎需要控制的事物，那么这就是你生活在恐惧中，陷入了思想陷阱的迹象。

3. 过度分析周围的一切

与前面提到的症状很相似的是，控制一切的欲望是压倒性的，这是构成过度思考习惯的主要问题之一。需要控制一切，意味着你试图规划未来，而未来是未知的，所以你害怕失败，执着于通过目前正在做的事情来阻止不好的事情发生。你没有活在当下，这给你带来了巨大的焦虑，因为你的大脑在忙于其他一切。过度分析事情的人很难接受变化，因为变化很少是在计划中的，这会让他们陷入恶性循环，因为他们当下面临的是无力掌控的局面。由于这种习惯，过度思考会导致决策能力低下，因为他们不知道下一步该怎么办。

4. 害怕失败（即完美主义）

完美主义者也喜欢控制。然而，他们控制的是事情本身和周围的环境，要确保每件事都做对，唯恐出错。完美主义者不能接受失败，并竭尽全力地避免失败。这样的结果就是，完美主义者会避免做重大决定或把握巨大机会，因为他们宁愿什么都不做，也不愿承担可能失败的风险。

5. 事后猜测

由于对失败的强烈恐惧和完美主义，"控制狂"经常会分析、再分析、事后猜测，然后再想出又一种分析，直到感觉没有任何事情做得足够好，如此循环往复。那些不能接受变化或不完全相信自己的人，会因为害怕做出错误的举动或决定而在事后胡思乱想。此外，他们处理信息的时间也是别人的两倍，因为他们会事后揣度别人，并质疑自己对谈话的理解是否正确。如果这种情况也发生在你身上，那么你可能就是一个过度思考者了。

6. 头痛

作为事后猜测和左思右想的结果，头痛开始出现，因为大脑似乎无法得到哪怕是一分钟的安宁。头痛是我们需要休息、放松或安定下来的信号。这表明我们需要妥善应对或找到放松身心的办法了。头痛还源于身体的紧张，这是压力过大的一种表现。

7. 肌肉酸痛，关节僵硬

过度思考是造成压力的元凶。当你不断思考时，你的大脑就会把压力和事情本应是什么样子联系起来，结果你就陷入了困境。这会导致压倒性的消极思维模式、过分担忧、焦虑、强迫症，以及其他与情绪或压力有关的失调。一个人在压力过大或想得太多时，就会影响到他们整个身体的机能。只有当找到你的压力或问题的根源并予以解决时，这种疼痛和酸痛的感觉才会消失。一旦你的大脑攻击了你的身体和肌肉，你的情感和情绪也会受到影响，这会让你感到筋疲力尽、精神枯竭或疲惫不堪。

8. 疲倦

正如在上一个症状中所解释的那样，如果身体和大脑承受了太多的负荷，我们就会感到疲倦。疲倦是你的身体在告诉你"你（的能量）就要耗尽了"。如果你一直忙个不停，不仅身体上忙，精神上也忙，那么你肯定会筋疲力尽。这就像需要电池的电子设备一样，如果每周7天、每天24小时不停地运转却不充电，就会关机或需要更换电池。疲倦是大脑发出通知的一种方式，让你知道它需要重新启动或你需要休息了，否则你的能量就将耗尽。

9. 不能专注于当前

你是否发现自己虽然在努力倾听别人说话，但大脑却在想着你自己的事，从而分散了你的注意力？或者，你是否发现自己虽然正努力享受与孩子或爱人在一起的时光，但却仍然忙于纠结自己需要什么，有什么事需要做，或者有什么事忘记了（因为总有一些事情要做）？这意味着你的大脑将你困在了过度思考的奇妙世界里。这不是很好吗？不……想得太多会让你丧失焦点，看不到生活中最重要的事情。记住：要慢下来，不是每件事都需要匆匆忙忙的。毕竟，你还有更多的日子要过，有更多的人生要享受。

正如你所看到的，过度思考者的这些症状或迹象都是相互关联的。例如，你因为害怕失败，开始过度分析事情和胡思乱想，这让你焦虑，因为你对不可预知的未来无法掌控。当这些情况发生时，就会出现头痛或肌肉僵硬的症状，继而导致睡眠不足，造成失眠和疲倦，这就会使事情变得更加复杂，让你的注意力无法停留在当下。过度思考和过度担忧很难控制，但也不是没有希望。当即将读完本书时，你就会明白这一点，并确切地知道要改变什么以及如何改变，而不必担心结果。当你展读本书时，就把它视为改善人生的一本指南，并把那些烦人的想法全都抛诸脑后吧。

别再过度思考

如果有一种东西或能力可以阻止你无谓的想法，那么你会错过这个机会吗？想象一下，你能够得到更多的休息，让头脑平静下来并享有安宁。这是可能的；但是，你必须培养耐心、干劲、动力和韧性。我将在接下来的章节中更多地讨论阻止过度思考和持续担忧的技巧，不过现在，让我们先简要地关注一下如何停止过度思考吧。

你需要有耐心的原因是，不是每个人都能成为一夜之间就使自己心绪平静的大师，所以韧性是必要的，因为你需要意识到自己可能会失败，但练习会让事情变得更容易。每天练习让头脑平静，你就离拥有内心平静和专注生活的好处更近了一步。稍后我们还将讨论为什么获得激励和解决你的过度思考模式是如此重要。

偶尔过度思考是完全正常的，但当它成为一种模式，最终显露并不断扰乱你的日常生活时，那就成了一个问题。有两种思维模式涉及破坏性的过度思考：

● 反刍——反复回想过去

反刍式思考包括过度思考你无法控制的事情或者已经发生但你仍不能释怀的事情。例如，你去参加了一个会议，就某个话题陈述了自己的观点，之后你又觉得不应该那样做，然后你又念念不忘你本可以说不同的话。同样，消极的想法也来源于反刍式思考，例如，思索别人说的关于你的负面的话，然后你就相信了，认为那是因为在这种想法产生之前你做了某些事。再例如，你记得你的朋友或同伴说你成不了什么大气候，现在你开始相信了。

● 过度担忧——消极地预测未来

你可能会坐在那里对自己说，明天要做的报告不会做得很好。或者，你会坐在那里想，自己不够优秀，所以你的配偶或伴侣可能会找别人。你不自信，所以你对事情的结果没有信心，因为你恐惧不可预知的未来。

过度思考者会想象最坏的情况，并基于这些"幻觉"而变得焦虑起来。对于已发生的不佳结果或经历产生消极的想法、担心或反复思考是一回事，而当这种结果以想象或摄像般的景象在你脑海中播放时，那就是另一回事了。例如，想象你要去学校接孩子，在他们出来等你之前，你还有五分钟的时间。在去学校的路上，你的汽车抛锚了，这时你不得不打电话求援。于是在你的脑海中浮现出一幅景象，你的孩子正在等你，却没有人去接他们，然后一些陌生人来把他们带走了，现在你的孩子不见了。继而你开始感到焦虑，你的大脑会捉弄你，让你觉得自己是糟糕的父母或监护人。这就是过度思考所造成的思维陷阱。当这种情况发生时，要停下来反思一下，不仅要打电话寻求帮助，还要打电话给学校，让老师知道发生了什么事，然后再打电话请其他人帮忙去接你的孩子。当你花点时间思考最佳方案时，你的大脑就没有时间去承受那些非理性的、可能根本不会发生的事情的压力了。

有研究表明，过度思考会导致心理健康问题和睡眠不足，进而导致酗酒或滥用药物。所以，让我们一起来想想，如何结束这种反复思虑、过度担忧的噩梦。不妨练习练习下面这些方法，让你获得一些安宁和恬静，享受更加轻松闲适的夜晚：

1. 发现自己在过度思考

锻炼自我意识。当你这样做的时候，你就会意识到那些烦人的想法是什么时候悄悄潜入的。意识到触发诱因和陷入过度思考习惯的最初迹象，是摆脱这种恶性循环的第一步。当你发现自己被无法控制的事情困扰或纠结于过去时，要承认它们并注意到它们的存在，但不要焦虑或评判。告诉自己，无论是什么正在让你担忧，你都要给自己留出十分钟的时间来想一想。设一个定时器吧。要意识到这种思维方式是没有作用的，因为它不会改变任何事情。然后你就可以再转向其他让你困扰的事情了。一旦你完成了这个过程，做一些深呼吸，再用别的事情去分散一下你的注意力。

2. 挑战你的想法

挑战自己的想法，是走出消极的、过度思考模式的一种有效方法，尽管你的大脑希望你留在这种模式中。如果你发现自己在想，迟到就会被炒鱿鱼，或者迟交房租就将无家可归，那就退后一步。注意，你是在担心还没有发生的事情，想想最好的情况吧。如果你忍不住想最坏的情况，那么首先想想如何不让最坏的情况发生。例如，如果闹钟没响，你上班要迟到了，那么与其听之任之，手忙脚乱，发疯抓狂，不如挑战你的想法。问问自己能做些什么。你能否打电话给公司，告诉主管你今天会晚到一会儿？你能否设法准时赶到？你能做些什么来避免这种事情再次发生？为了做到完美而为此焦虑紧张值得吗？ 要认识到并理解金无足赤，人无完人，没有人是完美的。当你退后一步，从逻辑上思考事情时，就会发现事情做起来更快、更容易。

3. 专注于解决问题

就像挑战自己的想法一样，你要寻找解决问题的办法。如果能够解决问题，那么为什么还要纠结于问题之中呢？与其问自己某些事情为什么会发生，不如问问自己能做些什么。当你开始着手采取步骤、思考解决问题和压力源的方案时，你就是在告诉大脑，你在控制它，它就会将自己重新连线到自动地去解决问题，你练习得越多，就越有效。所以，多花点时间放慢速度，承认问题，而不是把问题和你自己割裂开来。寻找解决方案，问问自己怎样才能改变状况。如果无法改变，那就放手，把注意力放到其他事情上。

4. 改换频道

如果我告诉你不要去想一头紫色的大象在粉红色的云朵上跳跃，那么你会怎么做？无论你多么努力，还是会想象大象的颜色和它正在做什么。同样的道理也适用于你试图停止做某事的时候。所以当你对自己说不要去想某事的时候，结果肯定适得其反。相反，要承认自己的想法，用其他事情分散自己的注意力，例如锻炼或打电话给朋友发泄，并听他们发泄。当专注于其他人或其他事时，你便更有可能把时间花在一些不同的事情上，而不是过度思考和担忧。另一个行之有效的方法是发挥一下创造力。例如，画一幅画来表达你的想法；写一篇日记，或者用其他词语写一首押韵的诗，来描述你现在的心情。也可以玩一个拼字游戏或者与房子周围的事物互动。有时候，你所需要做的就是走出房间，到户外去，或者离开你当下所在的地方。这也是"重启"你过度活跃的头脑的一种策略。后面我们还会更详细地讨论这一点。

总之，这些技巧练习得越多，你的头脑就会越平静。当头脑回归平静时，你就能更好地进行思考了。当你能把事情想清楚时，就能做出有效的决定，而不会有消极的想法破坏你的努力了。最终，随着时间的推移，你的大脑将学会如何自己排除不必要的担忧，而你将感到压力没有那么大了，也就能够更好地解决问题了。

过度思考是一种障碍吗？

现在，根据你的日常惯例和生活选择，你应该已经知道自己是否是一个过度思考者了。因此，下一个问题就是问问自己，这背后有没有更深层次的问题。过度思考可能是焦虑症或抑郁症的主要原因。这是因为当我们被困在自己的思想中时，我们会不断地担忧那些自认为可以控制实际上却无法控制的事情。当我们持续地产生消极想法，似乎无法控制围绕这些消极想法的思维模式时，我们就会感到抑郁。许多人会问，过度思考是不是一种"障碍"，答案是肯定的。许多人还会因为思考太多的事情而痛苦，比如他们是否做出了正确的选择，或者他们是否走在"正确"的道路上。事实是，没有什么是"对"的或"错"的，而是我们是否把这些信念建立在我们自己的头脑中，然后努力去完成什么是对或什么是错的目标。例如，当我们第一次见到某人的家人时，我们可能会想："我话说得对吗？"或者："我给人家留下的印象'好'吗？"其实，那个人的家人甚至根本不会依据你自己的判断标准来思考或评判你。所以，从这个意义上讲，没有什么是"对"的或"错"的。当面对这种"对还是错"的态度或信念时，试着专注于当下并有意识地进行练习。

只有当过度思考成为你唯一在做的事情并且扰乱你的日常需求时，它才会成为一种障碍。当你无法完成事情或害怕犯错时，过度思考就会变成一种"障碍"，继而引发焦虑、抑郁和其他心境障碍。不过，假如你只是每天都担心同样的事情，并不会让它影响自己的决定，那你就不一定有过度思考障碍。如果你总是担心你自己、你的生活、你的健康、你的家庭、你的朋友，等等，那么这也不一定是有过度思考障碍的迹象。如果你发现自己担心或太过关心别人的生活，以及他们的忧虑或恐惧，这也可能表明你富有同情心。那么，如何才能知道自己是否有过度思考的障碍呢？以下一个或多个症状会表明你可能是这种障碍患者：

● 你给自己设定过高的期望，总把自己与别人作比较，并质疑别人的评价。你总是担心别人怎么想，而不是对自己有信心。

● 把生活中的每一个场景或情况都灾难化。思考或想象最坏的事情会发生，这会导致你认为每件事情和每个人都"和你过不去"。

● 无法从失败或错误中走出来。不停地想你本可以做些什么不同的事情，或者你本应该或本不应该说或做某些事情，然后感到铺天盖地的焦虑和紧张。

● 设定"遥不可及"的目标，并认为自己永远无法实现这些目标。从不设定你真正能够达到的目标，于是你会感到不知所措，也不会为实现这些目标去做任何事情。

● 无法关闭你过度活跃的大脑，这让你感到疲劳和持续不断的压力。

如果这些症状让你看起来或感觉很熟悉，那就最好去找一位心理健康专业的人士看看，让他为你排忧解难。例如医生或治疗师这些专业人士，可以给你提供一些应对方法和其他手段，来帮助你克服过度思考。

如果你有这些症状，那么可能还会发现自己由于无法充分倾听而导致沟通问题，可能会发现自己很难享受兴趣或爱好，或者可能会因为你的强迫症和完美主义个性而在工作中效率低下。

如果你思考太多或无法"放松"，那么其他心境障碍，如焦虑、广泛性焦虑症（Generalized Anxiety Disorder，简称 GAD）、抑郁症、失眠和强迫症（Obsessive-Compulsive Disorder，简称 OCD），就可能会成为你日常生活中的突出现象。

我们现在了解了什么是过度思考，以及它会导致什么；然而，过度思考还会导致其他症状或成为其他障碍的诱因，在你阅读本书的过程中，我们还将对此进行更详细的讨论。我们将在下一章更详细地讨论广泛性焦虑症、抑郁症和强迫症的症状，因为这些心境障碍主要围绕着过度忧虑发生。我们还将讨论，假如你已经确诊，或者你感觉自己可能已到了这一步，你可以做些什么来寻求帮助。在下一章中，我将谈论担忧、面对恐惧，并将详细解释当你过度思考或过度担忧时大脑在做什么。

The 7-Step

Plan to

Control and

Eliminate

Negative

Thoughts,

Declutter Your

Mind, and

Start Thinking

Positively in

5 Minutes or

Less

H O W

T O

ST O P

O VERTHINKING

第 2 章

10 个永久停止焦虑
和担忧的有效策略

既然有担忧，那么就会有过度担忧。像过度思考一样，过度担忧是指你用对过去、现在和未来的想法折磨自己，并试图控制无法控制的事情。在这种状态下，你会感受到超负荷的压力和焦虑，持续不断地感到不安，即使是在小事上也毫不例外。诸如焦虑、强迫症和抑郁症等心境障碍，都可能是一个人出现了过度担忧的结果。我们因为难以克服恐惧而痛苦，因为我们太害怕恐惧本身，而无法解决问题和想出解决方案。过度思考者和过度担忧者是有区别的。担忧源于恐惧，而过度思考则源于否定。

恐惧

忧虑使我们产生自我怀疑和对未知的持续恐惧，使我们难以接受和面对生活中的变化。恐惧让我们逃避自己想做的事情，因为它使我们困在自己的思维中，以此作为保证我们安全的一种方式。然而，恐惧是一种错觉。当我们畏惧变化或未知时，我们就会错过近在眼前的机会，例如升职、结识新朋友以及学习能提升自己的潜在知识。我们稍后还会更多地讨论恐惧以及如何控制恐惧。

否定

大多数时候，我们都否认自己想要的事物，于是我们会紧抱着否定这种手段，以防止自己承受不适或痛苦的情绪。为了应对否定或忍受其他人更多的否定，我们可能会采用酒精、锻炼或工作等分心手段，这样我们就不必面对眼前的事实了。另外，有些人通过思考来解决问题，这就会导致过度思考，因为他们不能或不想接受现在或过去。

如果你不能掌控自己的思绪，致使自己过度担忧，那么你最终会更加紧张，这也是导致心理健康问题的主要原因。幸运的是，本书将告诉你如何停止担忧，以减少心境障碍形成的机会，帮助你过上更健康的生活。

心理健康问题

　　上一章中，我们简要地解释了什么是广泛性焦虑症，现在我们来详细地讨论一下。简而言之，广泛性焦虑症是这样一种障碍：担忧和恐惧占据了你的生活，扰乱了你健康的生活习惯，使你很难养成健康、高效的行为。有些人会以一种富有成效的方式担忧，例如产生一种想法，关注它，思考它，然后放下它。这种方式之所以更健康，是因为担忧不会占据你的大脑。你仍然可以做你喜欢做的事情，因为你对自己无法控制的事情不会有压倒性的恐惧。你明白担心不会改变任何事情，而且很容易让自己分心或者去想其他事情，而广泛性焦虑症则会产生完全不同的效果。患有广泛性焦虑症的人发现很难将自己的注意力从忧虑和侵入性思维中转移开。他们对每种情况都会预期最坏的结果，由于大脑和身体承受着过大的压力，便会产生"焦虑发作"的症状。广泛性焦虑症患者发现要想慢下来并活在当下，是极其困难的。

　　下面是一个人可能患有广泛性焦虑症的一些迹象：

情绪上

　　● 无法减缓或控制过度忧虑和侵入性思维。

● 无论做什么，似乎都无法避免日常性的侵入性思维或消极思维。

● 无法应对不确定性或变化，需要知道、计划或控制自己的未来。

● 当忧虑占据上风时，会突然产生恐惧或恐慌。

行为上

● 无法放松，总是很紧张，不能享受独处的时光，看上去也从不显得轻松。

● 无法集中精力或注意力于任务、工作或学习上。

● 由于被忧虑压得近乎崩溃，他们经常拖延或取消活动及"待办事项"。

● 由于某些情况会引发焦虑发作，他们会避免出门或陷入这样的情况，担心会因为自己的思虑而变得不堪重负。他们也可能在事情发生前想得太多，所以避免去做任何会引发焦虑的事情。

身体上

● 经常感受到肌肉疼痛或关节僵硬，并且感到身体每天都很紧张。

● 由于大脑过度活跃，不眠之夜经常出现，并可能会发展成失眠症。

● 经常感到紧张或烦躁，很容易受到惊吓。

● 出现肠道问题，如胃痉挛、恶心、腹泻或便秘。

这些症状看上去似乎很多，但好消息是，在正确的指导和帮助下，你一定能够找到应对的方法。另一种因过度担忧而造成的障碍是强迫症。

强迫症源于焦虑性障碍，但它的特征不是因为自己的想法和忧虑而害怕，而是必须按照自己的想法去做事情。例如，患有强迫症的有些人可能每天要洗 20 次手，或者要先数一数房间里所有红色的东西，然后才能去做其他事。这不会给个人带来任何快乐，但却是他们对付自己焦虑的一种办法。强迫症的特点是，不期而至的侵入性思维让你感觉好像必须重复某些行动或进行仪式化的行为，如数数、唱歌、洗澡、敲打、移动或按照某种方式安排事情。如果这些任务或行为没能恰好在人们觉得需要做的时候完成，就会引起巨大的恐慌，因为他们无法抗拒做这些特定事情的冲动。简而言之，这是大脑被困于某个特定的想法或冲动之中，而这种想法或冲动只有做了惯常动作或排练过的行为才会消失——恰如 CD 光盘在被划伤后会发生跳过，无法继续播放歌曲。这就好像一个人不能继续他一天的生活，除非按照这样的想法或冲动采取行动才行。

下面这些迹象可能表明你患有强迫症：

思想上

● 害怕病菌，害怕被传染或传染他人。

● 害怕对自己或周围环境失去控制，从而伤害自己和 /
或他人。

● 围绕性或暴力画面的无法控制、不期而至、令人不
安的想法。

● 过分关注信念或道德观念。

● 害怕忘记或落下你可能需要的东西。

● 迷信。

● 认为每件事物都有其位置，每件事物都必有其特有
的一定之规的观念或想法。

行为上

● 经常性地反复检查电器、锁、钟表和开关。

● 过分在意所爱之人的安全，因此不断地检视他们的状况。

● 数数、敲击、反复念某些单词或短语，或者用其他

荒唐的方式来减少焦虑。

● 仪式性地清洁自身或周围环境。

● 严格按照你需要的方式安排事情，只是为了不引发恐惧和惊慌。

● 囤积"垃圾"，如报纸、石头、食品容器、衣服或其他东西。

虽然患了强迫症很难受，也很难看到其他人与之的斗争，但还是可以寻求到帮助的。稍后，我们将讨论能够停止或应对过度担忧的办法，这些策略和建议将有助于治疗与焦虑、抑郁和强迫症有关的心境障碍。说到抑郁症，这是另一种可能由过度担忧引起的障碍。

先有感伤，再有抑郁。抑郁并非仅仅是一种倦怠或烦恼的情绪，当我们的负面思维变得无法控制，我们认为整个世界全都是负面的时候，抑郁便会出现。当这种思维方式发展到似乎无法摆脱的地步，我们就会放弃尝试或者不再关心，这就导致了我们的抑郁。你可能早上会很难起床，并且对平时原本喜欢的活动失去兴趣。抑郁症会扰乱你的生活方式，破坏一些重要的习惯，例如吃饭、睡觉、工作和学习。有些人把抑郁描述为感到空虚或绝望，并且使人感到生活毫无意义或者没有任何东西能带来幸福。

抑郁症的症状如下：

● 感到无助或空虚。压倒一切的非黑即白思维，例如认为没有任何事物会变得更好，你对任何事情都无能为力，也不打算有所作为。

● 对以前喜欢的活动失去兴趣，例如业余爱好和社交。你感受不到快乐和愉悦，也不觉得需要这些感觉。

● 饮食习惯改变。你可能因为对食物缺乏兴趣而减肥，也可能因为"某些情绪而吃东西"，由此体重增加。

● 睡眠障碍。或是因为失眠导致睡眠不足，或是因为大脑让你对生活感到绝望而睡过头。

● 愤怒和沮丧。你没有耐心，脾气暴躁，似乎所有事情都让你感到烦躁。

● 疲倦或精疲力尽。由于脑海中每天持续不断涌现的想法，你会因为自己的不同习惯（例如睡眠和饮食模式）而感到被束缚，或者感到失去能量。

● 较低的自尊感。你不自信，认为无论自身还是其他情况都糟透了。你厌倦了自己那些不请自来的负面想法，于是你放弃了希望，失去了改变的动力。

● 难以集中注意力。你很难专注于任务、做决定和记住事情，因为你过度活跃的头脑不断地拖累着你。

人们很容易把抑郁症和双相障碍 ① 相混淆，因为两者有着相似的感觉和症状。然而，双相障碍发生在当你有高活力情绪和低抑郁情绪之时。有这种心理健康问题的人很难平衡自己的情绪或保持稳定、"中性"的情绪。双相障碍也可能与人格障碍或现实解体（人格解体的表现之一）等障碍相混淆。

正如所看到的，过度思考能转化为过度担忧，然后发展成负面思维模式，对你的心理健康产生重大影响。如果你感觉自己有因上述这些障碍产生的任何症状，最好向医生或心理专家寻求帮助。另外，尽量不要对你是否有这些心理疾病担心或思虑太多。如果你在阅读本书之前还没有被诊断或经历过这些症状，那么你根本不需要担心出现这些心理健康问题。继续阅读本书，了解更多关于大脑运行的情况，然后我们就可以深入探讨健康的习惯，以缓解围绕着你的忧思的持续压力。

---

① 双相障碍（bipolar disorder），指既有躁狂发作，又有抑郁发作，二者反复循环或混合发作的一类心境障碍。——编者注

过度活跃／忧虑的大脑里发生了什么情况

现在我们已经知道了过度担忧会导致什么，下面就让我们来了解一下，如果我们有这些症状，或者每天都生活在忧虑之中，我们的大脑是如何运作的。你知道吗，在长期压力的影响下，你的大脑实际上会发生变化，而且或许看起来也会有所不同？研究人员曾对确诊为抑郁症的人和未患抑郁症的人的大脑进行过检查和比较，磁共振成像（magnetic resonance imaging，简称 MRI）扫描显示，确诊为抑郁症的人和其他人的大脑略有不同。磁共振成像是一种用来观察身体内部情况的设备，它显示患有慢性抑郁症的人海马体更小，右脑皮层更薄。大脑的海马体部分是负责记忆的，右脑皮层则负责我们的情绪。

因为抑郁症主要围绕着我们自我对话的方式和基于消极或积极的世界观，所以，可以说，过度担忧可能是导致大脑中专注于奖励处理的区域变得不够活跃的原因。大脑中的奖励处理器负责"感觉良好"的受体，如血清素和多巴胺等。这些"感觉良好"的化学物质会让我们对诸如业余爱好、社交和新活动等事物感到兴奋。当这部分不那么活跃时，就很难对这些事情感到兴奋。

当人们在相当长的时间内处于忧虑状态时，他们的血清素和多巴胺水平就会下降，从而导致更高程度的抑郁和焦虑。如果不予治疗或注意，症状就可能加剧，并引发更多的问题。下面，让我们来看看这些化学物质的作用：

血清素

血清素调节情绪、情感和睡眠。这种化学物质负责让你兴奋，保持积极的态度，感到不那么紧张和忧虑。如果你经常担忧，那么你的血清素水平就可能低于正常值。

多巴胺

多巴胺影响潜意识的运动、有意识的认识和注意力，以及愉悦的感觉。当你在娱乐或运动时，你大脑中高水平的多巴胺就会增加，这就是当你从事这些活动时，你会体验到一种愉悦感的原因。如果多巴胺水平低，你可能会发现自己很难集中注意力，或者很难感受到参加"感觉良好"活动的必要性。

去甲肾上腺素

这种化学物质负责兴奋、睡眠、注意力和情绪。基本上，当我们选择养成健康的习惯或控制焦虑的思维时，它会与另两种化学物质结合起来，产生更多的"感觉良好"受体。

关于焦虑，大多数人没有意识到的事情是，我们的身体和心灵需要焦虑来帮助我们摆脱危险的情况，例如我们卷入了灾祸或正在逃离某事。焦虑会带来"战斗、逃跑、静默"的反应，当我们处于真正的危险之中时，这十分有用。这些反应在我们的身体中被激活，给我们带来采取任何必要行动都必需的肾上腺素。当我们身处不安全境地时，我们体内的化学物质和荷尔蒙就会被触发，增强我们的感觉，让我们更好地战斗，更快地奔跑，或者更长时间地保持静止和沉默。然而问题是，如果我们出现了焦虑性"障碍"，我们的"战斗、逃跑、静默"反应就会被虚假的恐惧激活，并可能突然爆发或逐渐来临。

那么，大脑中发生了什么，以致触发了这些"假警报"呢？你知道吗，在身体开始感觉到焦虑或惊恐发作的症状之前，你的大脑就已经在形成思想、行为，并准备好提供身体症状，而这甚至可能发生在你意识到之前？这就是为什么大多数心理学家或医生会要求你，在恐惧形成于你体内之前，就要注意你在想什么或做什么。过度担忧会触发焦虑发作，这种突然发作形成于思维模式和日常习惯。杏仁体和海马体在大多数"忧虑症"中都起着重要作用，导致慢性焦虑或持续的压力。

杏仁体

大脑的这个部分负责连接大脑中处理传入感觉信息的区域和理解这些信号的区域。它位于大脑深处，看上去就像一个杏仁状的结构。这是大脑中触发警报或危险的部分。杏仁体内存储着一个情绪记忆部分，可能是我们害怕某些事物的原因，例如视觉（狗、蜘蛛、飞行）、气味（能够触发危险感觉的童年的气味或熟悉的气味）、口味（能够造成妄想症或疑心病的食物或其他东西的味道，例如有些让人中过毒的东西），以及声音（噪声，例如暴风雨、敲打橱柜的声音，或者叫喊声）。话虽如此，我们还是有理由相信，创伤后应激障碍（post-traumatic stress disorder，简称 PTSD）是杏仁体过度活跃的结果。

海马体

海马体不仅负责大脑的记忆部分，还传达危险事件。

患有创伤后应激障碍的人、儿童时期遭受过虐待的人，以及遭受过暴力、骚扰的人，他们的海马体实际上比那些过去没有受过此类伤害的人的要小。据信，海马体较小的人脑海中会突然浮现出创伤记忆，或者在不愿想起的时候对其产生回想。这些人很难将记忆按时间顺序排列，并会因海马体较弱而遭受短期记忆丧失之苦。

去甲肾上腺素和皮质醇是人体内的天然化学物质，在不安全的情况下，它们会增强你的感知能力、反应能力和速度。它们还能加快你的心率，向你的肌肉和肺部输送更多的血液和氧气，让你准备好面对将要遭受的任何苦难。然而，当这是一次错误的警报时，这些激增仍然有效。如果你没有面临真正的危险，这些高水平的化学物质和荷尔蒙会在你的身体里横冲直撞，无处可去，因为它们没有得到有效的使用。结果，你可能变得麻木起来，最终会发抖、出汗、喘不过气，当然还有许多其他身体症状。你能想象这一切仅仅是因为你对每件事都想得太多或过于担心而造成的吗？当仅仅是一个想法就可能引发超负荷的与压力相关的症状时，你的身体正在经历的比你想象的要多得多。幸运的是，有一些方法可以减少过度担忧，培养提高你生活效率的习惯，这样你就不会落入这个恶性陷阱了。

停止担忧的有效技巧

先让我们单纯专注于怎样让你停止担忧这一问题。不过请记住，若要彻底解决或停止担忧，需要动力、时间、耐心和大量的练习。问题不会一夜之间就解决，但如果你持之以恒，专注地训练你忧虑和烦恼的头脑，噩梦的尽头就会有光明。

且不论是"科学"研究还是关于大脑活动的研究，你越是养成健康的习惯，就越能远离消极模式，你的大脑也就会变得越发达，最终你的大脑会建立新的联系，本能地、有效地处理与忧虑相关的情况。首先，我们讨论一下认知扭曲，以及它们为什么很难从你的头脑中驱除。一旦理解了为什么我们似乎无法摆脱我们的忧虑状态，我们就可以记住这些扭曲，并开始练习这些技巧了。

认知扭曲是一种非理性的思维模式，是由我们为控制恐惧或焦虑而灌输给自己的长期习惯和错误信念所导致的。然而，我们需要认识到，这些信念——你可能认为自己无法应对某些事情，而你实际上可以应对——只是我们为让自己感觉更好，而在头脑中创造出的非理性和不必要的"安全毯"或"安全网"。这导致了过度担忧的心理陷阱。

下面是一些认知扭曲的例子:

● 非全即无的想法

这是非黑即白思维。没有中间地带或妥协。

"有人说我是个失败者，那一定是真的。"

● 以偏概全

认为一种结果决定着所有结果。

"我没有得到那份工作，所以我不够好，永远也找不到工作了。"

● 只会负面思维，逃避正面思维

这是指你不允许自己看到事情积极的方面，而只关注消极的方面。

"我一定很笨，因为我最后一道题做错了。"

● 找借口解释为什么事情中积极的情况是无关紧要的

即使有一些积极的事情发生了，你也看到了，你仍然为它们找借口。

"我在老板面前表现得真的很好，但他们也许只是今天心情很好，所以我还是不会做好这份工作的。"

● 做出错误的、负面的预测

你在没有证据的情况下，预测某事未来肯定会发生。

"我知道肯定会有坏事发生。"

● 做最坏的打算

你过分夸大结果，或者告诉自己将有可怕的事情发生。

"火车晚点了，意味着一定出了故障，现在一切都耽搁了。我将不能按时赴约，这意味着我将被炒鱿鱼了。"

● 坚信凡事都有"本应该（如何）"和"本不应该（如何）"

如果你没有遵循自己关于什么事应该发生和不应该发生的信念，你就会把自己贬得一塌糊涂。

"我本应该知道会发生这种事。我什么事都做不好。"

● 根据你的失败给自己贴标签

因为你做错了一些事，或者让自己或别人失望了，你可能会想：

"不值得再给我第二次机会了，因为我总是这样。我真丢脸。"

● 认为自己要对无法控制的事情负责

"我奶奶的花瓶被我儿子打碎了，这是我的错；我应该更小心地看着我儿子的。"

那么，要摆脱忧虑的困扰为什么就这么难呢？你可能完全没有意识到，你在通过这些认知扭曲进行思考。许多人早在过度担忧的结果出现之前，或者"障碍"发生之前，就开始这样思考了。你相信担忧会帮助你解决问题，或者帮助你预防未来的不测。然而，担忧帮不了你任何忙，你唯一能做的就是练习有效的技能，远离这种无法控制的负面思维。放弃担忧是极其必要的，因为这意味着你能够放弃担忧是为积极目的服务的想法。

怎样才能永久地停止担忧

事实证明，担忧会造成更多的不安或不眠之夜，攻击你的免疫系统，提高创伤后应激障碍的发病概率，增加过早死亡的风险。给人们带来如此多焦虑的担忧，其背后的想法是人们无法接受一个简单的事实：我们无法控制我们生活中发生的某些事情。大多数人担忧的主要原因是，他们对自己所做的每一个选择或决定都要事后怀疑，或者无法接受自己没有控制力，因此他们变成了完美主义者或者"控制狂"，以使自己感觉更好些。然而，需要控制一切或者把每件事都做得完美，真的会让你感觉更好吗？如果你的答案是否定的，那么就来看看下面这些办法，以使你能以积极的方式控制你的头脑：

1. 设定一个"担忧时间"

通过设定一个你会担忧的具体时间，你可以练习对你的担忧说，你现在没有时间，但稍后会有一些时间来解决问题。确保这个"担忧时间"不是在睡觉前或者一天中忙碌的时候，例如做饭时间。确保不要超过一个小时。这样，你就有足够的时间来解决所有的担忧，并想出有效的办法。同样，也可以用静思或练习平静呼吸来结束你的"担忧时段"。

承认你的想法或忧虑

当你一天中生出某种无法释怀的忧虑时，那就把它写下来并承认它。不要试图逃避这种想法或把它推开，因为这么做只会使忧虑更严重、更"响亮"。接受这种忧虑可能无法排遣的事实，继续做你手头的事情。不要过分关注它，只要承认它存在就可以。当进入你的"担忧时间"时，看看你这一天写的笔记，先评估一下。

把它们记下来，并且拆分

坚持写日记。这很有效，因为当我们试图在忙碌的一天中思考我们的忧虑时，我们的思考很可能是非逻辑的或不理性的。而当我们把烦恼写在日记里时，我们不仅可以发泄，还可以看到自己的思维模式，把消极的想法挑出来，用积极的想法取而代之。这也能帮助我们从整体上看待我们的忧虑，使我们能更好地看清下一步该做什么。

2. 活在当下

你可以观察红色，数一数房间里有多少东西是红色的（或任何其他颜色的）。如果你正在吃喝，那么就要完全感受正在吃喝的东西的味道、质地、气味和视觉效果。因此，从更深的意义上说，当一种忧虑出现时，不要吹毛求疵，不要评判它，不要为之焦虑，只要明白这种忧虑只是一种想法，仅此而已。你不需要采取任何行动，不需要对其附加任何感情；除了注意到这种想法的存在，你不需要对它做任何事情。如果你在这方面遇到了困难，可以寻求专业的医疗帮助，也可以在网上查找视频来指导你完成这个过程。

3. 锻炼身体

来自各地的大量研究和你读到的几乎所有资料都在说，心理健康障碍可能来自肠道。当我们吃的是更好更健康的东西时，我们就有更多的能量。当我们有更多的能量时，我们就能发现有效的方法来释放这些能量，例如运动和健身。进行一次专心的慢跑，上一堂放松的瑜伽课，或者在舒适的家里做做仰卧起坐和室内锻炼，例如原地跑步、下蹲和俯卧撑。报名参加拳击课程或者参加一项其他体育运动，可能是个好主意。而且，当你的血液流动起来，心脏更有力地跳动起来时，你头脑中就没有那么多能量去关注那些突然跳进你脑海的忧虑了，这也会有助于你在晚上睡得更好。

4. 弄清什么是你无法控制的

当你有治疗师或指导顾问帮助时，效果最好，但如果你出于某种原因想独自尝试，那就找到你能控制的，放弃你不能控制的。例如，你无法控制别人的行为，但你可以控制自己如何反应，以及你从他们的言语或行为中能感知到什么。要知道，在大多数情况下，你只能控制自己即时的或与其他人冲突时的反应或行为。

5. 评估你的恐惧

当你的忧虑变得太多时，就先停下来，找一找这种忧虑的根源。大多数时候，忧虑都源于对某事将要发生的恐惧。而你的恐惧通常又来自于你还没有承认的忧虑。问问你自己："我是在预测未来吗？我是不是在怀疑，无论接下来发生什么，我都能够对付？"大多数时候，我们都低估了自己控制自我和处理情况的能力。有时候你只需面对恐惧，挑战你的思维，让一切顺其自然。通常情况下，你都会发现情况并没有你想象的那么糟。

6. 练习静思

静思是最有效的放松办法之一。当我们放松时，我们的大脑更容易放松并暂时停止工作。大多数静思专注于我们的呼吸。通过静思，你可以学习如何有效地呼吸，从哪里呼吸，以及更多地了解到你在外出和走动时是如何呼吸的。假如你期待情绪立即得到缓解，那么虽然静思可能当时对你没有什么用，但我可以向你保证，随着时间的推移，你会感到更加平静的。静思不是让你立刻平静下来的应急手段，而是训练你的大脑更好地处理压力局面的长期、有效的解决方案。安宁、平静的头脑会带来快乐、平静的心境。而当我们的心境平和时，我们的生活也将是平和的。

7. 培养积极的自我对话

当你的头脑中充斥着烦恼、忧虑时，这通常意味着你没有因为以前经历过"压力山大"的事情而认可自己。可以训练自己在恐慌时这样想：我经历过比这更艰难、更糟糕的情况，所以我完全有能力应对当前的局面。试着用健康的"心理语言"取代你的怀疑思维，以求快速、即时地解脱。如果你发现自己在说"我不知道我能不能做到"，那就把它替换成"我知道我能做到"。当你发现自己在想"我希望他或她不要评判我"时，就替换为"我很自信"或者"我坚忍不拔"。即使你不相信告诉自己的那些积极的事情，但只要越长时间、越频繁地想它们，你的大脑就会越发地形成这些积极的方式，你的担忧就越不可能是消极的了。

8. 用事实替代你的忧虑

当你为过去或未来担忧时，可以把这些忧虑替换成："我们所拥有的一切就是现在。我无法控制昨天，也无法预测明天。"用事实替代你的忧虑或恐惧，你就会发现自己能够在当下保持冷静。大多数时候，我们都是在为自己无法控制的事情担忧，试图预测未来，或者对正在发生的事情太过紧张。假如你正在开会时，忽然开始担心起自己能力不够或者完不成任务，那么就对自己说："看我的，迄今为止我都干得很出色，如果真搞砸了，我也有能力处理并将力挽狂澜。"通过强化积极思维，用事实取代忧虑，你的忧虑就会减少，并且随着时间的推移，你会自动地重复这种方法。

9. "假如怎样"无足轻重；"我怎样才能"才真正重要

当你担心"假如房子被烧了怎么办"，或者"假如我没拔掉台灯的插头，会怎样呢"，再或者"假如我忘了某事，怎么办"的时候，就转念想一想："我的房子怎么可能烧毁？我怎样才能解决台灯的问题呢？假如我忘了某事，我怎样处理呢？"当把"假如怎样"改成"我怎样才能"后，你看出有什么不同了吗？其实，大多数时候，我们"假如怎样"的担忧都是夸大其词的、非理性的，有时甚至是不合逻辑的。

10. 接受未知

未知是我们所有人都肯定要面对的一件事。这有点像对我们无法控制的事情进行思考并感受其压力，因为我们不知道会发生什么。太多的人需要知道一切并计划好一切。试着顺其自然吧。只需明白意想不到的事情肯定会发生，所以要抱最好的希望，但也不要期望太多。

总之，我们的担忧源于恐惧，担忧又给我们带来了焦虑。当我们感到焦虑时，我们又会忘记运用我们的逻辑思维，于是我们的担忧就会占据主导，并将我们带入失控思维的恶性循环中。通过发展和改进以上这些有效的策略来克服过度担忧的心理，你会发现你的焦虑减少了，并且能够"控制"你周围更多的事物，包括你自己。

The 7-Step

Plan to

Control and

Eliminate

Negative

Thoughts,

Declutter Your

Mind, and

Start Thinking

Positively in

5 Minutes or

Less

HOW TO

STOP

OVERTHINKING

第 3 章

应对负面思维

负面思维与担忧和过度思考相类似，最大的区别是在当你仅仅是单纯地消极的时候。当然，你可能会有所担忧，但占据你大部分头脑和心思的是你告诉自己的那些负面的事情。负面思维和担忧的共同点是，它们都需要被承认。正如上一章所述，你不能等着它们消失、推开它们、忽视它们或者假装它们没有那么糟糕。为什么？因为它们会变得更糟。这就像一个烦人的兄弟姐妹：他们会不断地骚扰你，直到你发脾气或阻止他们。

那么，到底怎样处理负面思维呢？你必须承认它们的存在，并关注它们。对它们进行分析，找出它们究竟来自哪里。关于逃避，真相是无论你逃避什么，或者你试图阻止什么，它要么先消失再回来，要么变本加厉并持续更长时间。例如，如果你对自己说，"我不会像某某那样"，或者"我永远不会做某事"，然后尽你所能地避免成为某个特定的人或者像他那样行事，甚至是做一项特定的任务，这可能会让你兜个大圈子又回到原地，你却浑然不觉。最后，你可能会做你说过永远不会做的事，或者表现得像你说过永远不会像他那样的那个人。负面思维就是这样起作用的，所以不要再回避它们了！

对付负面思维的一个更有效的办法是对它们进行观察。如果你的想法是，"我不够好，而且永远也不会变好"，那么你所要做的就是关注它。不要判断它是负面的还是正面的。不要质疑它，也不要定义它，仅仅观察就行。一旦你花了些时间看到和感受到了这种负面思维，就去探索它。所以，看一看你的生活中和你自身正在发生些什么情况吧。也许这种不够好的感觉来源于你在想做的事情上失败了，或者没有得到你想要的工作。查清原因，然后挑战它："我没有得到我想要的工作，所以认为我不够优秀是公平的，但这并不意味着在同一领域就没有其他机会了。如果我愿意，我随时可以探索其他选择。"一旦你观察过了，先暂停片刻，确认你的想法，并探索你为什么会这样想，然后看看你采取了这些步骤后的感觉。你可能会觉得更有效率，甚至感觉更好。

我刚才解释的，叫作接受和承诺疗法（Acceptance and Commitment Therapy，简称 ACT）。如果你注意到了，ACT 的妙处就在于你不用忽视或改变自己的想法。相反，你要改变的是你看待它们的方式和对它们的反应。

在接受和承诺疗法中，你还可以做一些其他小事来减少负面思维：

把你的注意力转移到积极的事情上

如果你专注于有趣的表情包，查找有趣的谚语，或者思考积极的影响，那么你的注意力就不会过于集中在负面想法上了。这并不意味着要回避这些问题，而只是转移你的注意力，直到你有时间解决这些问题。要专注于把你的头脑转移到快乐的回忆或任何能让你微笑的事情上。

实践自爱

有位和我亲近的人曾说过："当你工作并拿到薪水时，把 10% 存起来，或者用这 10% 专门为自己买些东西。"我开始这样做，慢慢地我感觉好多了。我们总是担心如何支付账单、房租、日常用度或照顾他人，而忘记了自己。自爱就是要像对待亲密朋友或家人那样对待自己。当你的负面思维持续存在时，就像你身边有人告诉了你这些事情一样，来回应它们。

别再用改变行为或习惯来安抚你的消极情绪

你可能已经养成了一种逃避行为，这是试图阻止负面思维发生的结果。当你的消极想法不知从哪里冒出来，或者被某些事情触发时，它们都被称为侵入性思维。一个涉及侵入性思维的行为改变的例子，可能看上去像下列情况之一：

如果你的身边有一根棍子，或者当你拿起棍子之时，你会产生相关的暴力想法，那么你可能会扔掉棍子，或者再也不去碰棍子。

如果在某人身边你会产生侵入性思维，那么你可能会限制自己与他的互动，当你看见他时你会格外小心。

如果这些情况之一适用于你，那么你就需要制止了。

你越是担心与你的侵入性思维有关的事情发生，它们就越会控制你，最终变得更糟，可能达到使你害怕出门的地步。当你停下来时，你可能会发现你的想法并不能控制你，它们会自行消失，因为在某种意义上，这是你"证明它们错了"的方式。你的想法不会强迫你去做任何事情，因为它们只是混合在一起来扰乱你的头脑的单词和句子。只有你才能决定自己要通过行动去做什么。

产生负面思维时，我们的头脑中发生了什么

在《临床心理学》杂志（*Journal of Clinical Psychology*）中，有一项研究围绕着担忧和负面思维对一项任务的影响展开。参加者被要求把东西分成两类。那些在50%的时间或更多时间里处于担忧状态的人，在将物体分成两类时表现出了更大的困难。这项研究表明，负面思维会削弱处理信息的能力和清晰思考的能力。这意味着消极地思考问题并不能解决任何问题，而且由于围绕着负面思维的不清晰思维模式，实际上会让事情的解决变得更困难。

杏仁体

大多数时候，人们都无法控制自己的负面思维模式，

这是因为在较长的时期内，大脑会根据我们思考和感知事物的方式自我塑造和改变。正如上一章所述，杏仁体是大脑储存负面经验，负责"战斗、逃跑、静默"反应的地方。

下面是杏仁体发挥作用的一个很好的例子：被困在交通堵塞中的人，可能会因为其安全受到威胁的程度不同而感到压力不同，例如他们上班或去接人要迟到，或者前面发生了交通事故。这种"威胁"对他们来说似乎并不是威胁，而只是一种烦恼，他们可以很容易地说服自己摆脱对将会发生的任何坏事的恐惧。

但另一方面，处于完全相同情况下的那些人，如果以前经受过交通堵塞、交通事故或任何类似负面经历的压力，就会触发杏仁体向身体发送信号，仿佛这个人已处于"战斗或逃跑"模式。由于负面经历在杏仁体中堆积，大脑的这一区域就无法区分假警报威胁和真实威胁了，于是它就变得使用过度了。这是由于长期超负荷使用负面思维造成的。

丘脑

丘脑负责大脑中的感觉和运动信号。它将这些信号发送到身体的其他部位，但无法辨别真正的危险和虚假警报之间的差别。杏仁体和丘脑共同作用，根据你的思维方式或控制思维的方式，创造或减少对身体其他部位的压力反应。假警报是你的杏仁体告诉你的丘脑有危险。然后你的丘脑将肾上腺素信号发送到身体的其他部位，让你针对大脑发出的危险信号，做好战斗或逃离的准备。这种情况可能突然发生，而且只根据你积累了一段时间的负面思维模式而发生。

皮质醇的变化

皮质醇是大脑的压力分量。它控制着情绪、动力和恐惧。皮质醇的升高源于心理障碍，如焦虑、抑郁、注意缺陷多动障碍、创伤后应激障碍和其他心境障碍。与没有心理障碍的人相比，有心理障碍的人表现出皮质醇激素水平更高，这就是这些人更难平静下来的原因。他们的大脑中还有其他异常，例如白质和灰质。灰质是处理信息的地方，白质是大脑中的神经元，将这些信息连接到大脑中需要去的地方。慢性压力、皮质醇水平升高、多巴胺和血清素水平降低都有助于产生更多的白质连接。当白质和灰质平衡时，大脑中负责情绪和记忆的部分，如海马体，就不会受到干扰，这就减少了丘脑向身体发送错误警报信号的

"触发因素"。当你践行积极思维和改变消极习惯时，你就可以平衡白质和灰质。你可以通过奖励自己的良好行为和创造自律技巧来训练大脑。例如，如果你害怕一个人走到商店，那就约束自己，一个人先走一半的路，然后在剩下的路上打电话，始终对自己说你可以做到，这并不可怕。当你完成了奔向目标的小里程碑时，要奖励自己，而当你最终能够独自走完往返商店的全程时，要犒赏自己一个大奖。

清除"毒性"

负面思维大多与你的生活方式有关。如果你周围都是积极的影响，那么你更有可能形成正面思维。然而，如果你周围都是消极的环境和有害的人，那么你就更有可能产生负面思维和感觉。你是否曾经独自坐着，无缘无故地——或者似乎无缘无故地——感到紧张？也许你已经接受了自己是一个紧张的人，不可能放松。这是因为你已经习惯了生活中的"毒性"。如果你不小心的话，毒性可能来自任何地方，来自几乎所有东西。你可能处于一段有毒的关系中，可能在向有毒的房东租房子，可能在为有毒的雇主打工，也可能和有毒的人成了最好的朋友。无论是什么，你必须弄清自己是否处于有害的环境中，并着手做出安排以摆脱它。

下面是你可以采取的清除生活中毒性的 7 个措施：

1. 分析自己的情况

分析你所处的环境，找出毒性的根源。例如，想想你最后一次感到平静是在什么时候，即使只有一小会儿。是在你妈妈家吗？你当时在想什么？你快乐的地方在哪里？你觉得内心的和谐是什么感觉？接下来，弄清你的处境，你当前处于你生活中的什么位置，你缺少了什么才失去了这种内在的平静？如果消极情绪源于和你一起生活的那个人，那么找出这个人到底有什么消极之处，以及你如何才能摆脱他。如果消极是因为你对房东感到紧张或有压力，那么找出你如何摆脱他对你的依附或你对他的依附。无论毒性是什么，你必须立刻采取行动。拖延只会带来涉及毒性的更多恐惧。

2. 用积极的事情代替消极的事情

一旦你确定了生活中有害的情况，就该用积极的环境取代消极的环境了。例如，如果你在家里感到压力很大，并感觉很难放松，那么就养成每天出去跑步或做一些奖励自己的事情的习惯。这个奖励可能是给自己弄杯最喜欢的咖啡，也可以是去你最喜欢的狗狗公园或海滩。如果你的社交圈子让你感到有毒，那么就该去认识更多的人了。如果认识人对你来说很困难，那么就提醒自己，去迎接积极的影响，将有助于你找到一种感觉，发现自己是什么样的人，想成为什么样的人。试着把杯子看成是半满的，而不是半空的。也许是你的工作场所让你感到压力最大。如果是这样，那就着手去找一份不同的工作，或者在工作之余培养一些兴趣爱好，以满足你内心的渴望。

3. 找到自己的目标或找到一个目标

发现生活中积极的东西，即便很小。如果朋友不支持你的梦想，或者你周围都是些自私的人，他们"榨干了你的生命"，那么积极的一面就是，你不自私。如果你认为别人把你的无私视为理所当然的，那只意味着你比自己想象的更有同理心，你能同情自己和他人，由此看到积极的一面。当你睡醒时，要庆幸自己又醒来了一天，而且没有因为患病而住医院。当你享受了一顿美餐时，要为自己今天有饭吃而心存感激。很多时候，我们都忘记了还有很多人比我们还要苦上许多。我们忘记了我们所享有的美好，甚至把最小的美好都视作理所当然。要感恩你想买本书并且买得起——这意味着你想要学习并做出巨大的改变。改变你的视角，过一种充满感激的生活，因为有些人无法过上你这样的生活。

4. 发现自己的激情和渴望

大多数人产生负面思维和过度担忧，源于过度思考，原因是大多数人实际上都没有过上自己应该过的或喜欢的生活。如果你是在一个自觉讨厌的环境中工作，甚至做的是一份讨厌的工作，而你这么做的原因只是为了薪水，那么你的生活就是没有激情的。想一想你擅长而别人做起来似乎很费力的事。你擅长写作吗？你善于沟通吗？你天生就是个烘焙或烹饪高手吗？无论是什么，只要你做得既出色又不费力，那就是你需要开始的方向。找到你的激情，努力变得更好，就会实现自我关爱，你会开始感到更快乐，从而清除毒性。当你做自己喜欢做的事情时，其他什么就都不重要了，因为这是你一直都在期待的事情。

5. 经常奖励自己

正如前一章所讨论的，多巴胺是一种能释放内啡肽的大脑化学物质，内啡肽会使你感觉良好。所以奖励自己很重要，即使是为小事情，因为这样会释放多巴胺。当你一觉醒来，感觉心怀感恩时，要承认这种感觉，并用一句简单的话来奖励自己："干得好，我醒来时感觉对……心怀感恩，我要继续这种练习。"这些自言自语可以刺激更高的多巴胺水平，从而创造出一种更加积极的健康习惯。同时，为了奖励自己，也要以休息为乐。当生活变得压力太大或感到自己失去控制时，注意花点时间让自己回到快乐的感觉或记忆中，拥抱当下，就好像其他一切都不存在或不重要一样。其他所有事情都可以等等，因为在这个世界上最重要的就是让自己快乐。当你快乐的时候，全世界都会和你一起微笑。经常去大自然中散散步，因为这样会让你的大脑饱览美景，体味大自然的气息，以及治愈的感觉。

6. 宽容错误

提醒自己，变化不会立竿见影。很多人都会发生变化。你练习得越多，你就会变得越好。有时变化并不像我们希望的那么明显。例如，我记得我有负面思维，而且我认为自己不会有任何改善。但我开始改变我的生活和周围的环境。我养成了更好的饮食习惯，开始每天快走，并试着一整天都注意自己的思维模式。每当有负面想法浮现在我的脑海里，我就会注意到它，并通过事实和反思来挑战它。当时所处的环境对我没有帮助，我也觉得自己没有任何好转，于是我搬了家，在自己选中新租的房子重新建立了家的感觉。我没有注意到任何变化，直到我回去拜访了我以前一同租房的室友。他们像往常一样，我才意识到我变得更强了，完全不像以前和他们住在一起时那样想问题了。

正如你看到的，改变可能来得并不容易，也可能未被察觉，但它确实发生了。每个人都有不顺利的日子，所以在这样的日子里，要对自己有耐心，接受不顺利的一天、两天甚至连续三天，这都是无所谓的。接受错误的发生，而失败是前进的唯一途径。我们不是从自己的健康习惯中学到教益，而是从犯错中学习，因为错误每次都能教会我们新的东西，提醒我们为什么应该养成健康的习惯。

7. 寻求专业人士的帮助

当一切似乎都不对劲，你不断地犯错误，感觉自己比刚开始的时候跌落得还要低的时候，专业人士的帮助会最有效。心理治疗师、医生、理疗师和临床咨询师可以为你指出正确的方向，并教给你有益的应对技巧，让你开始变得积极起来。通常情况下，焦虑或其他心境障碍会占据我们的大脑，让我们每天起床和想要尝试做某些事都变得很难。因此根本问题也许不在于你的想法，而在于更深层次的东西。只有专业人士才能让你摆脱困境，朝着希望的方向前进。

从我们的生活中清除毒性是至关重要的，因为毒性会拖累我们，引发更多的负面思维。如果我们不清除或不努力清除毒性，我们就无法给自己一个公平的成功机会。

The 7-Step

Plan to

Control and

Eliminate

Negative

Thoughts,

Declutter Your

Mind, and

Start Thinking

Positively in

5 Minutes or

Less

HOW
TO
STOP
OVERTHINKING

第 4 章

如何在几分钟内控
制过度思考，消除
负面思维

过度思考、过度担忧和负面思维的一个共同点是，它们都是心理上的杂音或噪声。它们是扰乱我们内在和外在平静的想法。不管它们背后的科学原因是什么，久而久之，这种心理噪声仍会深深地嵌入你的脑海中。大多数时候，它是无法控制的——或者我们认为它是无法控制的——当我们身处心理或生理上似乎无法解脱的境地时，这种噪声常常就不知从哪里冒出来了。然而，思想和心理上的嘈杂如果用在建设性的事情上，例如用于策划、学习和分析等，却可能是一件好事。只有当思想的开关上没有关闭键时，才会使人难以入睡或保持睡眠，从而加剧紧张、忧虑、愤怒或其他令人不适的感觉。我们已经在前几章中讨论了这些心理噪声每一种所包含的内容，但现在还是扼要重述一下它们是什么，以及如何识别它们：

● 消极的想法或忧虑不断重复。

● 再现或重复关于过去的经历、恐惧的画面或"片段"。

● 对过去事情的烦恼，或对未知不确定性的恐惧，分散了我们对当下的注意力。

● 无法专注于当下的谈话，因为我们的大脑总是在思考太多的事情，例如我们需要完成的任务。

● 不停地担心别人对我们的看法，于是我们追求完美，然而我们似乎永远都不够完美，因为我们头脑中的嘈杂一直不断，使得我们无法实现这些目标。

● 无意识地思考和做白日梦。我们对每一种情况都过度分析，对我们不确定的事情感到紧张，因为我们害怕未来，过度思考我们无法改变的事情。

这些类型的思维模式是不健康的，这就是为什么受影响的人在 90% 的时间里看起来都是那么筋疲力尽。在本章中，我将向你解释如何训练头脑，以关闭此类精神上的杂音。我会教你如何重启大脑，这样你晚上就能更容易地休息，当你想放松的时候获得一些安宁。消除心理噪声的主要方法之一是忍耐、学习和进行集中练习。就像本书中解释的所有其他技巧一样，改变不会在一夜之间发生，但你练习得越多，你的大脑就会变得越宁静。最终，就像有个

开关一样，可以随意打开和关闭你的思维，将成为你的第
二天性。

让你的头脑平静下来

让头脑平静下来是一项特殊技能，需要决心、恒心和
耐心。为什么让头脑平静下来是有益的呢？因为很多益处
都来自内心的平静。当你找到内心的平静时，你在任何情
况下和任何环境中都会更易找到外在的平静。内心安宁和
头脑平静，目的不是停止思考，而是要跨越头脑中不断诱
你陷入的陷阱。以下是找到内心安宁、让头脑平静下来的 5
个诀窍：

1. 倾听和观察你的思想带给你的心理噪声

观察你的想法，但不要给它们贴上标签。如果一个侵
入性的、令人不安的想法突然蹦出，例如，"我真希望自己
做得足够好"，或者，"我真想揍自己一顿"，那么不要评判
它，或给它贴上好的、糟的、可怕的、有危险的或其他任
何负面的标签。注意它，并允许它存在。不要推开它，也
不要躲避它。不要去想它是从哪里来的，但要包容它就在

那里。如果你这样做了，就会削弱想法的影响，就能控制自己和自己的忧虑了。

2. 有意识、有目的地挑战你的想法

这种技术以认知行为疗法为中心。许多心理学家都推崇这种方法，因为它意味着你能控制自己的思维或者将其改变到另一个方向，并创造你与自己的思维互动的新模式或习惯。你通过挑战自己的想法来夺回控制权。首先问自己一些关于你的想法的问题。那么，假如你的想法是自己不够好，就问问自己这想法是从哪里来的。你是否草率下了结论？这种想法属于哪一种认知扭曲？接下来，找出积极的一面。你的生活中发生了什么情况，让你觉得自己不够好？找到这种想法的根源，可以真正让你洞察到怎样夺回自己的控制力，因为这样你就可以用事实来取代这种想法了。

3. 有意识地关注你的呼吸

很多时候，我们感到焦虑、担忧或触发"错误警报"，都是因为呼吸不正常。闭上眼睛，把注意力集中在你的呼吸发起的地方：你的腹部、胸部，或者鼻子。接下来，练习注意你的呼吸而不改变它。一旦弄清了你的呼吸发自哪

里以及你是怎样呼吸的，就可以专注于进行深而长的呼吸了。吸气，数到 5 秒，屏气 3 秒，再呼气 5 到 7 秒。重复这个动作，直到感觉平静下来，然后恢复正常呼吸，再睁开眼睛。

4. 播放既能放松又能激励你的舒缓的音乐

音乐是最好的治愈师之一。当我们能与歌手产生共鸣时，他们就会成为我们最喜欢的艺术家，于是当我们知道他们唱的是对自己有意义的东西时，就会感觉更放松。如果你更喜欢器乐，那么只要注意乐曲的节奏和乐器发出的声音就行了。闭上眼睛，试着把注意力集中在任何你以前可能没有注意到的背景声音上。试着说出乐器的名字并记住曲调。

5. 参加有规律的锻炼

当我们每天锻炼时，身体就会释放出我们之前提到过的那些让人"感觉良好"的化学物质。当多巴胺释放出来时，大脑就更容易产生更多的血清素，让我们感到快乐。当我们快乐起来时，就不会感到压力那么大，思想也不会变得排山倒海、势不可当。这种主张是让我们的身体运动起来，这样我们的大脑就没有精力去思虑太多或制造心理上的杂音了。

如果我们总是思虑过多、担忧过度或者消极思考，心理杂音就会变得越发严重，问题似乎无法解决。在下面的内容中，我将讨论关于如何重启大脑的技巧。

重启大脑

克服负面思维、担忧和过度思考的最好办法，就是重启大脑。首先，你需要能够接受改变，克服这些想法带来的恐惧。其次，你需要有学习如何改变你的心理状态和思维方式的意愿。最大的问题是：我们如何做到这一点？大部分"重启"程序我们已经讨论过了。不过，其他技巧的目的是防止这种过度思考模式。现在，大多数人的大脑过度活跃，主要原因是与30年前相比，当今社会人们有更多的信息需要处理。今天，我们有了社交网络、高科技和海量的新信息，我们每天都在解读这些信息并与之互动。

当阅读下面这些关于如何重启大脑的技巧时，要想想你的目的，因为你要知道的是如何重置思维，而不是如何停止或减少思考。

1. 不要同时做多件事

虽然多任务处理可以是件好事，但这也是导致我们的大脑超负荷运转的一个原因。当试图一次关注、思考或做太多事情时，这就意味着我们的大脑正在将注意力从一件事转移到另一件事，然后再转移到下一件事。这样的思考方式实际上削弱了我们同时完成多件事情的能力。例如，你是否发现，当你清扫房间的时候，你先是洗碗，然后碗还没有洗完又转而用吸尘器吸尘，接着又擦起了桌子，继而又扫地或拖地板两次？当所有这些活儿都干完之后，你会感到越发疲惫不堪。而环顾四周时，又发现衣服还没洗，还有更多的盘子要洗，看上去你好像什么事都没做似的。这就是多任务处理的结果。

多任务处理会导致注意力持续时间缩短，注意力分散，也被称为"猴子脑"或"松鼠效应"。要停止同时处理多项任务，就要尝试一次只专注于一件事情，并确保在一件事情做完之前不要转而做下一件事情。

2. 一次只专注于一件事

《有组织的大脑：在信息超载时代清醒地思考》(*The*

Organized Mind: Thinking Straight in the Age of Information Overload）一书的作者丹尼尔·莱维廷（Daniel Levitin），倡导"刻意沉浸"（Deliberate Immersion）。刻意沉浸是指我们将自己的任务或工作分成每次不超过 30~50 分钟的时间段，在此时间段内不受其他干扰。丹尼尔·莱维廷说，我们的大脑是由两种注意力模式组成的："任务积极网络"和"任务消极网络"。任务积极网络可以让你在不受外界或周围环境干扰的情况下完成任务。这些分散你注意力的干扰包括电视、在家里和你的爱人聊天、你的手机和社交媒体，以及外面发生的事情。任务消极网络会让你的大脑积极地做白日梦或走神，而不是专注于手头的任务。这意味着你在忙着完成一件你讨厌的任务的时候，还在忙着想其他事情。任务消极网络是创造力和灵感的发源地。此外，我们还有一个"注意力过滤器"，负责在两种模式之间进行切换。它帮助我们保持条理，让我们把注意力集中在当前的模式上，以能够完成手头上的琐事。

3. "注意力过滤器"

简而言之，丹尼尔·莱维廷说，如果你想更富有创造力，那么当试图完成一项专注的任务时，也应该为社交任务留出时间。这意味着你总要安排时间和地点去做一些这样的事情，例如社交状态更新、推特、短信、看看钱包放哪儿了，或者调解与配偶或朋友之间的矛盾。当你把社交活动安排在一天中的特定时段时，你就不会分心，可以做更多的事情了。只专注于一件事情，是重启大脑的好办法。"任务消极网络"（做白日梦、走神或深度思考）的时间，是在你去户外散步，一边听音乐一边查看社会新闻，或者一边香薰沐浴一边看书的时候。当我们进行这些让大脑漫游的活动时，实际上会重置大脑，并为正在做或将要做的事情提供不同的、更健康的视角。

关注当下的四个步骤

关注当下是重置大脑的一个好方法。当你发现自己处于"松鼠时刻"或者很难摆脱"猴子脑"时，就要回归当下。关注当下是有助于更深层次地放松的技巧——就像静思、睡眠和专注一样。下面是有效练习的 4 个步骤：

重贴标签

重贴标签包括后退一步，解决想法、感觉或行为方面的问题。问问你自己，这种想法落入了哪种认知扭曲？你能把这种想法与哪种感觉联系起来？这种想法和感觉使你想做什么，为什么？当你识别这些信息时，你将能够更好地理解它们来自哪里，以及它们什么时候是"假警报"。

重新归因

一旦你确定了自己的想法、感觉或行为所带来的信息，就必须给它重新分配一个不同的视角。弄清这个想法的重要性。它究竟是重要的还是重复的，然后给它添加一个新定义，并从不同的角度来看待它。

转移关注点

一旦你解决了这个想法，对它进行了分析，增加了意义，转变了视角，就该转移关注点了。这样做的意义是不要陷在一个问题里的时间过长，因为这就是你的大脑会变得过于活跃和注意力分散的原因。只有当你有意识地将注意力转移到其他事情上时，才能重新连接和重置大脑。

重新评价

当你掌握了以上三个步骤后，重新评价就会发生。它几乎是在这些步骤完成之后立即发生的。重新评价意味着你能够看清思想、动力和冲动的本来面目。当你看到这些东西的本质时，就会重置大脑，把想法配置在正确的"脑槽"里。你的大脑会自动判断某种想法或信息是有益的还是有害的。

总之，重启大脑最简单的办法就是停止多任务处理，注意当你处理或承担太多的任务或太多的信息时，将思考转向健康的可分心的事项上，留心你的想法，并练习将注意力一次只集中到一件事上。

分析瘫痪

"分析瘫痪或因分析而瘫痪是一种反模式，过度分析（或过度思考）某种情况，导致无法做出决定或采取行动，实际上造成了结果瘫痪。"

我喜欢把这和"战斗、逃跑、静默"反应联系起来——分析瘫痪就是静默反应。就是指一个人对于问题的解决太过纠结于自己的想法，不知道该选择哪个解决方案，于是他们反而什么都不做。分析瘫痪源于决策技巧。美国心理

学家赫伯特·西蒙（Herbert Simon）说，我们做决定的方式
有两种：

1. 满意策略

这意味着人们选择一个最适合于其需要或注意力的
选项。

2. 最大化策略

这意味着人们不能满足于一个决定，而是会想出多个
解决方案，并且总是认为还有比原来的决定更好的选择。
最大化者是最容易遭受分析瘫痪之苦的人。人们过度思考
是因为害怕潜在的错误，想要避免可能的失败。分析瘫痪
是一个华丽的词，指的是过度思考加上无力决断。

克服分析瘫痪

由于分析瘫痪源于无法快速而有效地做出决定，克服
它的办法很简单，就是提高你的决策技能。当你因过度思
考而达到分析瘫痪的地步时，下面这些方法可以让你摆脱
困境：

1. 把你要做的决定按重要性排序

把你要做的决定分分类，这意味着你应该弄清哪些决定是大决定，哪些是小决定，哪些是重要决定，哪些是不需要太费神的决定。当你确定了该把哪个决定归入哪类时，问问自己下面这些问题：

- 这个决定有多重要？
- 我需要多快做出决定？
- 这个决定对接下来发生的事情产生的影响是大还是小？
- 根据我提出的解决方案，最好的结果和最坏的结果是什么？

当我们将自己的决定分类后，就会更容易坚持自己的最终决定，而不会在以后改变主意。

2. 找到"最终目标"，作为解决方案的一部分

如果因为为什么需要做出决定而陷入了困惑，可能就会掉进分析瘫痪的陷阱。我们的决定可以围绕许多其他想法，例如："如果我做出了错误的选择怎么办？"或者："我

可以做的选择太多了，但哪一个才是正确的决定呢？"如果你不知道为什么需要做一个决定，那么定义目标或者目标本身可能是一个更好的来看待你需要做决定的方式。例如，假设你纠结于在两份工作之间做出选择，而你已经有了一份正在取得成功的职业，但你想寻求一些新的东西，并且不确定为什么你需要做出决定，甚至你是否应该做出决定，那么就问问你自己，你的目标是什么——你对未来五到十年后的自己应该是什么样子有何设想？当你展望"最终目标"时，可能就会更容易弄清自己需要做什么。

3. 把决定分解成更小的部分

这种方法就像是上一种方法的对立面。你仍然在寻找"最终目标"，但不是基于最终目标做出决定，而是将你的最终目标分解成更小的目标。然后可以把你的决定也分解成更小的决定，来完成"小目标"。虽然这仍然是在做决定，但要确保当你做出最终决定时，要坚持这个决定。如果仍然很难做出决定，那就把你的决定写在纸上，不要超过三到五个决定。最终，这样做得越多，每次的清单就会变得越小，而你将只会做出一个决定，这其中就包含着一个目标——克服分析瘫痪。

4. 征求另一种意见

如果你在列完清单后仍然举棋不定，仍然对许多你可以做的事情思虑过多，那么就选择两个最重要的解决方案，把它们交给一个你信赖的人。这样做时，要放下你内心所有的判断，放弃控制和完美主义。完全依靠这个人的意见，如果他们给你建议，但你仍然不确定或可能最终没有选择，那就提醒自己，你来找他们是因为你正在纠结，而你信任他们。问问自己，当与这个人意见相左的时候，有多少次他是对的? 同时，告诉自己，你需要放下对不好的事情将会发生的恐惧。有一句话对我和我身边的人都产生了很大影响，就是："疯狂：一遍又一遍地做同样的事情，却期待着不同的结果。"换言之，如果你继续做同样的事情，却期待会有些不同的事情出现，那么改变将永远不会发生。

恐惧

大部分过度思考、过度担忧和负面思维都与一件事有关：恐惧。害怕失去控制，害怕犯错或失败，害怕做决定，或者只是一种单纯的恐惧。恐惧是后天习得的，可以通过自律和暴露疗法（exposure therapy）来解决。恐惧会让人麻痹，实际上会阻止人们做自己想做的事，使人们错过成功的机会。大脑恐惧，首要反应是过度担忧和过度思考。为了完全控制我们的思想和行动，最好是克服恐惧。以下是克服恐惧的一些技巧：

1. 承认恐惧（无论大小）是切实存在的

当人们对一件特定的事情或各种各样的事情感到恐惧或焦虑时，恐惧对他们来说是真实存在的。恐惧往往是一件好事，这意味着我们的人类本能在正常运行。例如，一位下班后独自在夜里步行回家的女性，应该对只身在黑暗中行走感到担忧或恐惧。无论是开学的第一天，还是年中进入新学校的孩子，都会感到不安和恐惧——孩子上学的第一天可能会感到担忧和恐惧，年中转入新学校的小学生或中学生也会如此。一个不得不接受大脑或其他功能器官手术的成年人，或者一个需要去看牙医的人，也都会担心可能出现的糟糕结果。这些恐惧都是理所当然的。然而，害怕爱开玩笑的人、狭小的空间、坐飞机，或者恐高，却是非理性的恐惧或者后天习得的恐惧。无论人们害怕什么，恐惧对他们来说都是切实存在的，应该用理解的眼光看待它，而不是强迫他们去克服。除非人们想要去克服，否则恐惧是无法克服的。

2. 接受你的恐惧

接受你有这种恐惧的事实。这种恐惧可能大到开始一份新工作、认识新人、搬到一个新的城镇或城市，或者开始为人父母。也可以小到蜘蛛快速地爬过你的脚面，你的新房子里发出了奇怪的吱吱声，或者有人吓到了你，或者初试开车。无论是什么让你害怕，都要接受这就是你的恐惧这一事实。不要忽视它，不要躲避它，也不要否认它——它就在那里，而你害怕它。

3. 分解恐惧

从多个角度分析一下你的恐惧。问问自己：

● 你有什么危险？

● 怀有这种恐惧真的会伤害你吗？

● 如果你的恐惧成真了，接下来会发生什么？

● 如果这种恐惧现在就来到了面前，最好的情况和最坏的情况是什么？

有时候恐惧是非理性的，导致许多人焦虑过度。也有些时候，过度思考又会导致新的恐惧产生。所以，一旦你问了自己上面那些问题，就再多追问一些：

- 如果发生了这种情况（最坏的情况），你能做些什么？
- 你是否低估了自己处理这种情况的能力？
- 如果发生的是那种情况（最好的情况），你能做些什么？
- 你是否高估了自己处理这种情况的能力？

通常，人们都有相同的恐惧。找一个和你有相同恐惧的人，一起努力克服这种恐惧。当你和别人分享相同的恐惧时，就会有一种归属感，因为并不是只有你一个人有这种恐惧。

4. 向恐惧让步——设想最坏的情况

克服恐惧的最好办法是直面它们，或者用心去关注它们。有一段时间，外出到公共场合会令我感到焦虑。于是当我面对公共场合时，例如去百货商店购物，我就会感到崩溃，就会出现恐惧的身体症状——很像惊恐发作。当我有意识地外出面对公众时，我首先观察自己的想法，如果它们是消极的，我就会挑战它们，用更好的想法取代它们。如果恐惧要压垮我，我就会回家，但当我平静下来后，我会再度尝试——通常是在第二天。我没有让恐惧控制自己，因为我一直在反抗。这也被称为暴露疗法。

暴露疗法

暴露疗法并非对所有人都有效，然而，当你全身心地投入到不断尝试中，即使满心恐惧也不放弃时，就也能成功地克服你所害怕的东西。暴露疗法是心理学家会介绍给患有惊恐障碍或其他心境障碍的人的疗法。

这是帮助心境障碍患者抗击他们的非理性恐惧的一种疗法。然而，你也没必要非要到了快有心理障碍或缺陷的时候才想使用暴露疗法，因为暴露疗法对任何愿意学习的人都有效。暴露疗法有很多种，包括：

实景暴露

这是指直面现实生活中某个令你恐惧的物体、情况或活动。例如，有人害怕乘坐公共交通工具，那就建议他乘坐公共汽车或单轨列车（先是有人陪同，然后独自出行）。

有人惧怕社交互动，或许可以建议他们先是在一小群人面前说话，然后逐渐扩大听众规模，直到一大群人。

想象暴露

这是指你和一个值得信赖的朋友或心理学家坐在一起，让他们用你害怕的物品、情境或活动对你进行视觉引导。例如，对于创伤后应激障碍患者，将围绕着他们过去的恐惧发生的事情，指导其进行形象化想象。久而久之，他们的恐惧就不会对其造成太大影响了。

虚拟现实暴露

当其他暴露疗法对你不实用或没有用时，就该用上虚拟现实暴露法了。例如，害怕飞行的人可以对飞行进行虚拟的或有指导的形象化体验。这个虚拟的世界将把人带进飞行的世界而不是真正地飞行，让他们体验周围的景象、声音、气味和感觉。

内在感觉暴露

这是一种故意使身体产生恐惧感觉的方法。例如，患有惊恐障碍的人在惊恐发作后感到头晕时，可能会变得更加恐惧。可以指导他们转圈以夸大这种效果，然后让他们尝试站起来，保持平衡，或者坐下来。这是为了使之明白，当他们恐惧的情况发生时，身体上的反应并不那么可怕，因为他们可以自己实现同样的感觉。

暴露疗法可以帮助人们克服恐惧，因为它会发展和重新连接大脑，使其建立不同的连接。当人们有意制造或面对他们的恐惧时，恐惧只会成为遥远的记忆，因此无法控制这个人。

The 7-Step

Plan to

Control and

Eliminate

Negative

Thoughts,

Declutter Your

Mind, and

Start Thinking

Positively in

5 Minutes or

Less

HOW
TO
STOP
OVERTHINKING

第 5 章

积极起来

正面思维是会传染的，就像负面思维一样。也就是说，当你和一个积极向上的人在一起时，你就会感染上这种"氛围"或能量，让自己也变得积极起来。积极影响的不仅仅是你自己，也会影响到你周围的人和环境。例如，如果你去参加一个求职面试，你以自信、积极的态度出现，那么老板会更倾向于聘用你。而如果你显得疲惫、饥饿或者精神不济，那么这也会在你的态度上表现出来，你就无法展示出你最好的一面。老板很可能会忽略掉你，然后聘用参加面试的下一个态度积极的人。道理很简单——积极的人吸引积极的人，消极的人吸引消极的人。

正如前几章所讨论的那样，事实证明，我们的大脑实际上会根据我们的思维方式和生活方式而改变形状和结构。尽管如此，更令人感兴趣的是，当我们重复一些习惯、想法和行为时，实际上是在训练自己的大脑。我们可以训练大脑以我们想要的任何方式行动和作为，因为当我们重复事情的时候，大脑会连接以前没有连接的突触，然后把这些想法和行为联系起来，使它们变成习惯。所以说，当我们消极地思考时，其实是在对自己重复坏的想法，这种说法是有道理的。当大脑将负面思维与我们的行动联系在一起时，我们就会不断重复坏习惯。然而我们也可以用正面思维来做这件事。有没有听过这样一句话："生活是你自己创造的。"这是真的，因为当实施负面思维时，我们就会应用负面习惯去采取行动、去看、去感受。然而，当对自己重复积极的事情时（即使我们不相信它们），我们就开始应用积极的行为去看、去听、去思考了。

消极情绪之所以在这一代人或这个社会中最常见，是因为负面思维容易上瘾。它很难被摆脱，而且我们一旦消极地思考，就无法停止。我们做这些事情是因为不喜欢受责备；相反，我们想把抑郁的原因归咎于负面思维。我们把焦虑归咎于担忧。我们把自己的行为归咎于过度思考。这是一个很难接受的事实，但你的负面思维只能归咎于一个人，那就是你自己。问题是，改变并不容易。容易的是我们不断在做的事情，是我们熟悉的事情。所以，难怪我们不会在某一天醒来后就说："嘿，我今天要积极一些。"但这就是答案，你应该选择睡醒后就保持积极的态度，这真的很容易。然而，不容易的是持续做一些新的和不同的事情。如果你真的想逃离一直缠绕着你的消极噩梦，就需要对做出改变和重新给你的大脑连线以变得积极进行承诺和投入。

怎样做到正面思维

当你培养并改善积极的思维方式时，让你微笑的不仅仅是你的想法。它会营造你的环境。它会成为你作为一个积极个体的模样。积极——就像消极一样——令我们痴迷。当你度过了艰难的一天，或者周围的每个人或每件事都令人沮丧或担忧时，你很难做到正面思维。但事实是，当进行正面思维时，你的气场和思想就不会在任何情况下都往坏处去了，你实际上会对这些艰难的日子和极端的失败心存感激，因为它们塑造了你的命运。每一种糟糕的情况中，都有你可以吸取的益处。一开始，从这些情况中看到积极的一面可能非常困难，但随着时间的推移，就会变得非常容易，以至于你甚至不假思索，积极的一面就会呈现。

那么，我们该怎样做呢？下面有 4 种方法，可以帮助你在生活中培养积极的态度：

1. 每天都关注三件（或更多）正面、积极的事情

晚上睡觉前，在脑海里重温一下你的这一天。思索一下发生的每一件事，从中获取三个正面的认知。可以是任何东西。今天阳光灿烂吗？你是否和一位老朋友重新联系上了？也许你的老板或同事今天没怎么发脾气，这使你感到压力没那么大。你看到的微小的正面效应越多，你培养的正面认知就越多，幸福和成功就会来得越快。

2. 为别人做些好事

尽管看上去或许不是这样，但善行不仅能振奋你自己的精神，也能鼓舞别人的精神。当我们为别人做好事时，我们实际上是在用正面的情绪充实自己的心灵，因为化学物质内啡肽会作为一种奖励反应在我们的大脑中释放出来。

这些善行可以是任何事情，例如对一个陌生人微笑，向一位同事挥手打招呼，或者停下来为你认识的某人做些体贴的事情。当你令别人微笑时，你的心也会微笑，这会让你对自己感觉更好，并培养自信。

3. 活在当下

如果在这个问题上我说得还不够，那么请让我再说一遍：要践行起来！当我们活在当下时，就会在我们自己关于周围正在发生什么事的意识中创造出平衡和结构。当我们认清了周围的环境，同时又能活在当下时，我们就能更好地捕捉到发生的正面事情了，负面事情就会看上去像一个遥远的朋友。

4. 修习自爱和感恩

如果你自爱，就会更容易帮助别人，回馈社会。试想一下——如果你不爱自己，那么你的人际关系就会破裂得很快，你的工作似乎永远不会让自己满意，你还会不断地怀疑自己应对压力局面的能力。然而，当你真的爱自己时，就会因自己所拥有的一切而心生感激。你不会再想要更多的东西或你没有的东西，羡慕嫉妒恨也不再是你需要担忧的重要事情了。要对自己心存感激，需要自我接纳并对生活中想要什么有更深刻的理解。所以，只要你有机会，就应该对你所拥有的一切心存感激，而不是羡慕你所没有的。常言道：不要这山望着那山高。

改变你的情绪

大多数时候，我们陷入负面思维模式，是因为我们的情绪是阴郁的。这是一个恶性循环——消极或担忧的想法会带来糟糕的情绪，造成更多的负面结果，继而使我们难以做出重要决定，因为我们的思想拥挤，然后就会过度思考（或形成负面思维），等等。有些时候我们不想起床，有些时候我们却像打了鸡血，产生"感觉良好"的化学物质，从而完成更多的工作。在你感到情绪低落、"压力山大"、焦虑或抑郁的日子里，想想那些高光时刻，试着从中汲取能量。此外，偶尔沉浸在阴郁的情绪中也无所谓，只是要努力不要因此而生闷气或让它成为日常习惯。

当你陷入困境时，下面一些方法可以让你阴郁的情绪变得轻松一些：

1. 运动

我们也已经讨论过这个问题了。当你运动健身时，那些"感觉良好"的化学物质会在大脑中释放出来，并能立即改变你的情绪。此外，这也能很好地把你的注意力从坏情绪中分散出来，因为你可以专注于其他事情，例如风景或呼吸上，而不是专注于让你心烦意乱的事情。运动时一定要喝水，因为脱水会让你感觉更糟。

2. 收听或观看励志作品

当你不想动或不想起床时，那就看一部鼓舞人心的电影或听一段令人振奋的音频。即使倾向于听与我们的低落情绪相匹配的音乐，也要忽略这种冲动，做相反的选择——听一些欢快、昂扬的音乐。谁知道呢，这甚至可能让你想跳舞或唱歌呢。收听或观看励志作品而不是消极、压抑的作品，能让你精神振奋的速度快 60%。有趣的是，当我们听适合当下心情的音乐时，我们实际上是在训练我们的大脑相信这些态度是没问题的，然后我们就会发现自己陷入了更深的负面循环之中。

3. 改变你的肢体语言

这意味着你的行为举止应该符合自己想要的感觉。所以，如果你想感到自信，那就在屋子里穿戴上你最性感或最古怪的服饰昂首阔步，或者挺胸收腹，腰板笔直地站到镜子前。如果你想感到轻松，那就穿上舒适的衣服，四处闲逛，但要注意你对自己的暗示。强迫自己微笑60秒，我保证你的心情会好起来，哪怕只是一点点。不要让负面思维长久地笼罩着你，要突破藩篱，做好自己。开开玩笑、放声大笑、给自己挠挠痒痒、和别人谈谈你的抱负和梦想，或者做任何你需要做的事情，以摆脱你的恐惧，进入你想要的情绪之中。

4. 感恩或欣赏每一件事

有一个奇怪而有趣的事实：当有人到处抱怨一切时，我们认为这是很正常的。我们会听到朋友抱怨、父母争吵、老板发飙，有时甚至是陌生人自怨自艾。听到别人抱怨和争吵是"正常的"，但是假如我们听到别人大谈他们对每件事都是如何感恩和欣赏的时候，难道不感到很奇怪吗？你多久能听到一次有人说，"外面在下雨，我很感激这场雨"，或者，"有饭吃经常被认为是理所当然的，所以我就想花点时间，为得到这些食物而感恩"。你有没有听过有人说，"我很欣赏我的孩子们冲我嚷嚷、发脾气，因为这意味着他们正在长大"，不，你恐怕没有。想象一下，如果你大声说出你今天感恩的一切，说出今天甚至昨天你欣赏的一切。想象一下你会有什么感觉，又会给别人带来什么感觉。你甚至可以开怀大笑，但这难道说没有意义吗？就这样练习吧！

5. 强迫自己表现出积极态度，即使你不想这样

事实上，你的思想并不能控制你，情绪也是如此。所以，如果你在练习或施行上述的技巧时遇到困难，无论如何，就去做吧。强迫自己微笑，强迫自己起床、跳舞，强迫自己感恩。一旦你积极地对待每一天，就掌控了你的周围环境和你的行为。这是在教你的大脑，即使在低潮时期和情绪阴郁时，你也能控制自己对它们的反应，并培养积极和健康的习惯。

培养积极的习惯

有时候，正面思维和改变情绪并不足以经常性地培养

积极的态度。你必须养成习惯，这样大脑才会停止连接你已经建立的消极强制的突触，开始连接积极强制的突触。虽然前面的练习在短期内会起作用，但你不仅需要每天练习这些，还需要养成健康的日常习惯。如果你坚持培养积极的习惯，就会变得不那么焦虑，不那么自寻烦恼，也会更加随和。当你白天不再感到紧张，在所有情况下都能看到光明时，就要明白你已经成功地变得积极起来了。你会感到头脑清醒，会接受自己无法控制的事情，这意味着你已经承认，负面情绪不再纠缠着你，因为你已经夺回了控制权。

让我们来看看怎样培养积极的习惯，从而感受到这些有益的结果：

1. 找到负面情绪的根源

找到负面情绪的根源，只是你继续做生活中必做之事的开始。想一想（但不要想太多）为什么你会心情不好，或者你的消极想法是从哪里来的。如果它们源于某人说过的什么话，那么让你的心情好起来，就可能更容易一些，比假如你的消极想法源于与这样的具体想法相关的持续行为要容易。一旦你找到了消极情绪的根源，接下来怎样解决问题就会变得更容易。

2. 以积极的态度开始新的一天

早上醒来后，感恩你的生活。感恩你的孩子、你的配偶，或者感恩你不是无家可归这一事实。感恩你的朋友和家人，但最重要的是，感恩你在这里，感恩你让自己走到了生活中现在的位置上。每天醒来，做一件积极的事情，让心情愉快起来。做一件昨天没有做的事情，并养成习惯。如果你想要改变，那就必须做一些不同的事情，所以走出你的安乐窝，以积极的态度开始新的一天。这些事情可以是听你最喜欢的音乐，做你最喜欢的早餐，或有意识地散步或慢跑。记住在每一天开始和结束的时候都要肯定自己，例如对自己说，"这会是很棒的一天"，或者"今天很棒，明天会更好"。

3. 在艰难情况下寻求幽默

如果你今天过得很糟糕，或者你面临着一个负面影响或处境，那就想一个自己内心的笑话（最好是讲给自己的）。你可能会发现你比自己想象的更风趣，这是一个从困难场景中解脱出来的好方法。例如，不要在争执时骂你的配偶，想象一下如果你叫他／她"水果蛋糕"或"手推车"会怎样。也可以把他／她的脸想象成西红柿或车轮子。想象你的思想在有趣记忆的旋风中回旋，而不是在糟糕情景的螺旋中打转。也许你刚刚辞了职想换一份新工作，那么与其去想财务压力或此后会发生的烦心事，不如想想你可以给自己放几天（或几星期）假了，这感觉有多好。想想你的下一份工作如何会更好，并充分意识到你实际上有多么雄心勃勃。

4. 将每一次失败都视为成长的教训

与其害怕犯错，不如试着故意犯点儿错，看看会发生什么。你可能会发现，错误不仅会告诉你什么不该做，什么该避免，而且还会让你明白事情并没有最初想象的那么糟糕。最重要的是，当意外失败时，要从中吸取教训。如果把工作搞砸了，把文件弄混了，或者把名字写错了，那就道歉，并在心里记住下次要复核。也许你忘记了一位朋友的生日，而他是你今生的挚友。虽然你感觉很糟糕，但他们可能并不像你那样感觉糟糕，或许并未放在心上，所以不要过分自责。相反，在日历上为明年做个标记，并想象自己为他们做一些真正有意义的事（不一定非要在他们的生日那一天，也可以是一年中的任何一天）。

5. 替换你的消极想法

对一些人来说，负面思维就是他们的生活方式，所以在他们情绪低落时发现自己的消极想法，是件具有挑战性的事情。然而，当你发现自己在想"我不擅长做这件事"，或者"我从来没做对过任何事"时，那么就要有意在大脑中注意到这些想法，并干脆地把它们替换掉。转而想，"我可能在这件事上做得不够好，但通过练习我会做得更好，所以我决不放弃，因为我能做到这一点。"或者，"只是我感觉自己从来没做对过任何事情，但这并不意味着就是如此。我有很多事情都做得很棒。"当你有意识地替换这些想法时，就承认了自己的负面思维，并在培养正面思维的习惯了。如果一开始你不相信自己，也没关系，但请注意这样做几次后你情绪的变化。

6. 不要热衷于八卦

荒诞且富于戏剧性的八卦总是令人兴奋，但当我们卷入关于自己或别人生活中重大转变的闲言碎语时，八卦就可能是相当有害的。当我们不再关注这类事情时，我们就可以更多地着眼于自己的生活，做更有益的事情。到电影或电视中去寻找戏剧化事件吧，但要尽量避免在别人甚至你自己的生活中去寻找。

7. 创造解决方案，而不是更多的问题

正是问题让你陷入了眼下的困境，我们要试图通过解决问题来避免问题，通过问更多的问题和研究情况来解决问题。要完全活在当下，而不是沉浸在胡思乱想之中。这样，你就可以应对任何问题或指责了。保持冷静、逻辑性或创造性。听从你的直觉，而不是你过度活跃的大脑。当你难以对如何处理某事做出合理的决定时，给自己（或当事人或环境）几天时间来处理。记下问题和用"思维导图"做出解决方案。尽量想出不超过三个好的决定，然后参看下本书中解释如何做决定的部分（下一章）。这就是帮助你有效解决问题的办法。

8. 重复

这是最后一步，也是最容易的一步：只需重复。当你发现自己思考过度、担忧过度，或者发现负面思维再次向

你袭来时，就回到清单上的第一步。重新开始！每天都这样做，用你 100% 的努力完全彻底地练习这些步骤。如果你做得正确，会发现一种积极的生活和全新的环境在你的内心逐渐发展。渐渐地但是肯定地，你旧的人生态度和行为会消失，而积极将成为你的第二天性。

The 7-Step

Plan to

Control and

Eliminate

Negative

Thoughts,

Declutter Your

Mind, and

Start Thinking

Positively in

5 Minutes or

Less

HOW
TO
STOP
OVERTHINKING

第 6 章

如何整理思绪，获
得想要的人生

这里是对本章的一个简要概述：你将学会如何获得充足的睡眠，并睡得安稳，这样你就会有精力保持积极、培养自信、提高决策能力、不再拖延、开始设定目标，并学习更多有效解决问题的技巧。本章也许是你迄今读到的最重要的一章。那么，现在就开始吧。

失眠

我想从睡眠习惯和失眠开始讲起，因为本书之前的几乎所有内容，还有接下来的更多内容，都涉及充足的睡眠。如果你没有精力，做事就不会富有成效，那么当你太累而无法集中精力时，又怎么可能应对你的思维陷阱呢？

　　那么，什么是失眠呢？失眠就是一个人变得（或者看上去）晚上睡眠不佳，甚至根本无法入睡。似乎你的思想或生活中的其他事情让你晚上一直醒着，所以很难入睡。下面是失眠的一些症状：

- 疲倦。
- 精力不足（无论你做什么）。
- 专注于任何事情都变得很困难。
- 烦躁或有其他情绪变化。
- 由于思维模式不佳和睡眠不足，工作与学习成绩下降。

　　失眠有不同类型——让我们来看看吧：

急性失眠

　　这种类型的失眠是环境造成的。例如，你是因为害怕考试、没有完全准备好的演讲或等待了几个月的事件而无法入睡。

慢性失眠

这是指你的睡眠被打乱，即你做不到一旦睡着后能保证持续睡眠。这种情况每周至少发生三次，持续约三个月或更长时间。

共病性失眠

这是一种由焦虑、抑郁或其他心理状况引起的症状。

初发性失眠

这是指你入睡有困难，无论是什么原因导致的。

维持性失眠

这是指你能够入睡，但却很难整晚都保持睡眠状态。然后一旦醒了，就很难再入睡。

失眠令人无法忍受，而且会扰乱一个人生活的许多方面。不过，只要有正确的态度和适当的动力，这个问题是可以解决的。

如何养成更好的睡眠习惯

如果上述症状符合你的现状，或者你已经确诊，那么下面这些方法可以帮助你睡得更好：

1. 建立一种睡眠程序

如果你不太确定该怎么做，那就想想当你的孩子在婴儿时期、幼儿时期或者儿童时期，你是如何让他们入睡的。通常从睡前一小时开始，你关掉电子设备，让他们洗个澡，喝杯水，然后穿上睡衣，讲讲故事，最终入睡。有些孩子可能喜欢你抱着他们，或者只是抚摸他们的后背，再或唱歌给他们听。建议你在准备睡觉前一小时左右，建立自己的就寝程序。有规律地这样做，并坚持下去，你的心理噪声就会更容易安静下来，你就可以放松下来了。

2. 每天运动

有时候，难以入睡是因为我们的身体能量过多。不宁腿综合征[①]是因为你的腿需要伸展和按摩。无论你是在早上还是睡觉前两小时，运动都是帮助身体放松的好方法。

---

① 不宁腿综合征：指小腿深部于休息时出现难以忍受的不适，运动、按摩可暂时缓解的一种综合征。——编者注

3. 限制使用电子设备

这是一个大问题，因为电视、手机和其他电子设备会发出蓝光，会让我们的大脑检测为这是"白天"。这种蓝光使我们的大脑产生的褪黑激素（促进睡眠的化学物质）减少，最终导致大脑分不清白天和黑夜。所以关掉你的电子设备吧——除非是听呼吸练习或指导静思用。

4. 使你的床只作睡觉用

如果你什么事情都在床上做，就可能很难在床上入睡或保持睡眠。你在床上吃东西吗？你在卧室接待朋友吗？你在卧室里打电话吗？你的卧室里有电视机吗？所有这些都会引诱你的大脑认为你的床更像是个大型沙发，而你的卧室更像一间客厅。当你的大脑将你的床作为日常生活区域并与之互动时，它就可能难以将睡眠与你的床联系起来了，这会极大地加剧失眠症状。所以，把客厅的功能从你的卧室"搬"出去，用你房子的其他地方来做这些日常活动吧。

5. 在准备睡觉前，先做些脑力练习来分散注意力

不，我可不是说以此为借口去玩手机或电脑游戏。

去文具店买些钢笔、铅笔、橡皮、纸张和拼图。或者更好的是，从书店里挑选一本你想读的书。拿一本杂志，看看漫画，或者填填字谜。玩玩拼字板或单人游戏，用需要思考的事情激活你的大脑。做些数独游戏或者写写日记。是的，用用老派的办法，放下电子设备。这不仅能分散你的注意力，以免过度思考，还能帮助你产生褪黑激素，这样你就会发现晚上更容易入睡并保持良好睡眠了。

6. 放松练习

那么，这应当是你使用电子设备的唯一原因，你可以刻录一张 CD，里面全是轻松音乐或指导静思的音频。当你躺下休息时，用鼻子吸气，用嘴呼气。用你的腹腔呼吸，而不是胸部。这有助于让更多的氧气进入体内，并激活大脑，让它慢下来并放松。

7. 厚重的毯子

当你需要格外安慰时，厚毯子是最好的选择。当我们拥抱一个人时，会感到温暖和亲密。厚毯子的作用是一样的。因此，如果你入睡没问题，但随后会在夜间醒来，那么厚厚的毯子就像一个安全网，能让你几乎不费劲就重新入睡。如果你患有维持性失眠，一个很好的主意是在你睡觉的时候放一些轻松的背景音乐，这样当你醒来的时候，音乐会促使你重新入睡。

希望这些技巧对你有所帮助，使你能够保持良好的睡眠状态。效果可能不会立竿见影，但如果你坚持练习这些技巧，特别是在睡前一两个小时练习，那么就会更早地睡着而不是更晚。除了这些方法，还要确保你的"担忧时间"是在你打算睡觉之前。如果你花在担忧和回顾你想法的时间离你计划睡觉的时间太近，那么那些想法就可能进入你的睡前程序，让你更难入睡，因为大脑会认为，当你该睡觉的时候，也就是该思考的时候了。我们可不想这样。

决策与解决问题的技巧

你需要有效的决策技巧来解决复杂或具有挑战性的问题，这是事实。为了成为一个问题解决高手，你需要明白你所做出的决策决定着解决方案的结果，这也是事实。我之所以将这两者合并在一节里，是因为它们就像一个豆荚里的两粒豌豆。我们从决策中所学到的一切都与你如何解决问题密切相关。如果你在解决问题方面需要更多的帮助，那么最后一章就有关于这个话题的非常有用的技巧。

针对每一种技能，都有另一些相关技能需要学习，也能够学会。有效决策所需要的技能有：

- 设定目标或结果，来打磨我们可供选择的不同决定。
- 自我反思和自我觉悟。
- 创造力或分析能力。
- 高效沟通能力。
- 组织能力。

我们需要这些技能来反思自己的态度和想法，以便做出决定并坚持下去。大多数时候，人们会提出多个指向我们的正式目标的决定，所以拥有组织能力和创造力是很好的，这样我们就可以执行并分解这些决定，引导向做出最终决定迈进一步。

有效解决问题所需的技能有：

- 创造力和逻辑推理能力。
- 研究能力。
- 沟通和社交技能。
- 情商。
- 决策能力。

你看出规律了吗？以上的这五种技能都在某种程度上与决策过程相互关联。情商对于培养这两方面的技能都大有裨益，因为它能让你独立思考，反思自己的态度，对他人产生同理心。情商会促进社交商，社交商指的是拥有良好的沟通能力，能以礼貌的方式得到自己想要的或需要的东西。

那么，接下来，让我们更深入地了解一下什么是问题。问题的特点是目标和障碍。我们有想要达到的目标，但在达到这些目标的路上，会有一些山丘或大山，它们被称为障碍。解决问题就是要克服这些障碍，从而达到我们的最终目的地：我们的目标。

解决问题的阶段

为了解决问题，我们必须首先要梳理一下问题的各个阶段：

1. 识别问题

这是问题出现的阶段。在这个阶段，问题可能是分散的和不清晰的，因而可能看起来非常严重，但当你思考和识别它时，便可以确定真正的问题是什么。

2. 研究问题

这是我们学习观察主要问题和分解问题的阶段。我们观察这些障碍，并对其做一些研究。当我们这样做时，就会在头脑中对如何解决这个问题形成一个更清晰的画面。

3. 寻找解决方案并列出清单

在你确定和分解了问题，并识别了每个障碍之后，就可以开始寻找可能的解决方案了。你可以根据你在寻找解决方案时的创造性技能列出结果清单，且无须做过多评估。这就是我们的大脑正在行动起来寻找解决方案的阶段。

4. 做出决策

一旦我们有了解决方案的清单，就该做出决策了。要用上我们的逻辑推理能力或者沟通技巧。我们可以通过这些技能，从清单中选择最佳解决方案。当我们做出决策后，就要坚持下去，持续前进。

5. 采取行动

这是最后一个阶段，我们已经使用了所有技能，做出了最后决策，并付诸行动。勇往直前，决不回头。如果我们犯了错误，那也只有在以后吸取教训了。采取行动时不要质疑我们的决定，也不要听从那些让我们想要回头的心理杂音，要克服我们的恐惧。我们已经做了所有能做的，接受这就是我们现在要做的事情这一现实。

基本上，解决问题就是找到方法来解决一个困难或具有挑战性的任务，以达到我们的目标或目的。决策过程决定了我们能够多快地克服障碍来解决这些问题。我们的大脑往往会因为过度思考或猜疑而碍事，因此这就是我们需要学习如何决策而不后悔的原因。

如何培养决策能力

在本书中，我们已经讨论了如何关闭心理噪声，如何重启大脑，以及如何克服恐惧。大多数人在做决定时感到困难，是因为他们拖延执行解决方案，因为他们想确保这是一个完美的决定，不会招致失败。失败只有在你担心自己没有做到最好时才会发生，这源于完美主义，也导致了决策过程的拖延。停止这种恶性循环，一个有效方法是相信自己无论做出了什么决定，或者即将做出什么决定，都已经经过了彻底的研究，在精神上或身体上得到了确定，没有其他选择了。要相信你的决定，如果它们不是你所预期的，就从中吸取教训。积极性是你最终应该拥有的唯一结果。

首先，让我们来谈谈基础条件。然后，我们将讨论做出这些决策的其他选项，同时将基础条件与它们结合起来：

安排一个合适的思考时间

当你在一天中有意识地留出一些时间，来思考手头的"问题"时，就能够找出围绕这个问题可能做出的决定了。

明确阐释你的决策

就像明确确定问题一样，你也需要确定并阐释你的决策。每次根据一个问题选择若干个决定。当展示清楚你的决定后，可以后退一步，决定哪条道路才是应采取的最佳路线。

仔细考虑你的每一个选择

到了这个时候，你想出的每一个选择都需要经过深思熟虑。不要再做更多的决定了，因为你做的决定越多，它就越可能成为你不能咀嚼的馅饼中的更大一块。你现在拥有的选择（限制在 3~5 个）是需要仔细考虑的，这样才能解决问题，达到目标。

现在已经讲完了基础条件，下面是更多涉及基础条件的事情：

1. 问问自己你的道德观和价值观是什么

这是一件大事，因为它教会了我们自觉，并帮助我们以一种不想回头的方式来感知决策过程。例如有两个决定摆在你面前：一个可能会将你的朋友置于你可能不会达到的地位，而你要为他们的利益做出牺牲；另一个会让你处于最高地位，使他们成为你的"左膀右臂"。你需要基于什么会让你最快乐，来从这些选项中选择其一。如果因为你对自己另有想法，而看到你的朋友处于比他们现在更好的地位最让你快乐，那么选项一更好。然而，如果你的朋友已经处于很好的地位了，而你需要成为最好的那个，那么选项二更好。无论你的核心价值观是什么，都不要偏离它们，因为"假如……会怎样"的游戏从来都不是有趣或有益的。

2. 想象一下结果会是什么

闭上眼睛，想象一下你所列出的决定会发生什么情况。想象一下最好的情况和最坏的情况。但不要想得太多，给自己设定 5 分钟的时间限制。一旦计时器停止，就最终选择一个让你感到最快乐的决定，无论是什么。

3. 进行测试

在某些情况下，并非所有情况下，这一点都能发挥作用。例如，如果你的工作要求你搬迁，那就去一趟你要搬去的城市，看看你对它的感受。如果感觉好，那就去；如果感觉不好，那就听从直觉，不要去。

4. 倾听你的希望

你的希望就像你直觉的指南针。是你的直觉在呼叫你去做什么。因此也许你的心在一个地方，而你的思想在别的地方。如果你要抛硬币来选择，你希望是哪一面呢？如果你向别人寻求建议，你希望他们说什么呢？不管这些直觉是什么，听从它们。如果你以违逆这些希望来做决定，那么最终的结果是不会让你高兴的，你会花无数个小时来后悔自己没有选择另一个选项。听从你的直觉，大多数时候它都是正确的。

自信地设定和实现你的目标

自信是指你确信自己的判断力、能力、实力、价值观和决定等都是正确的。自信与自尊不同，这在于自尊是对一个人自我价值的评估，而自信是指完全相信自己能够完成我们下定决心要做的任何事情的能力。

自信的人有下面一些特征：

● 做自己认为正确的事，即使有人不赞同或提出批评。

● 决心坚定地要得到自己想要的结果，无论如何都要努力去争取。

● 承认自己的错误，并为自己的行为负责。

● 等待别人的接受或认可，但并不觉得自己需要表扬。

● 不夸耀或吹嘘自己的成就。

● 乐于接受赞扬。

● 对经常受到责难安之若素。

● 觉得没必要去控制或嫉妒别人。

● 不会因为一段关系的失败而自责，也不会责怪对方。

● 相信自己做出的决定是正确的。

● 有自知之明，也很有主见。

所有这些特征对于制定和坚持目标、发挥潜能都是完美的。自信意味着你愿意承担风险，对未知无所畏惧，因为你有足够的信心去完成需要做的事情。

培养自信

如果这些特征听起来不像是你拥有的，那么也请放心，它们是可以学到的。如果你没有养成或致力于培养自信，那也没关系，因为你仍然能够得到你想要的，只不过这可能需要更长的时间，你的目标可能比你想象的要远。就仿佛你正在攀登一座障碍无穷无尽的山，以到达你向往的目的地。有人说这就是人生的道路，但是难道人生只能走这样的路吗？

以下就是培养和提高自信的一些步骤：

第一步：规划你的冒险历程

当你为实现自信做准备时，有 5 件重要的事情。下面将对此做出解释。在开始冒险之前，你必须弄清自己现在在哪里，想去哪里，并且相信一定能够做到。你必须变得积极起来，欢迎并投入这种改变。

回顾你的成就

当你回顾自己的"成就"时，试着至少举出 5 件你人生中迄今完成的事情。你曾在运动会中夺魁吗？你在数学比赛中获过奖吗？你中学时是得过满分的优等生吗？你曾经帮助过遇到困难的他人吗？无论你的成就是大是小，它们都很重要。

注意你的长处

一旦列好了成就表，你就能发现自己的长处是什么了。也许在这些成就中，有一件并没有做到最好，你还想吸取教训，做得更多或更好。当你注意到自己的优势时，就能继续找出围绕着这些优势的目标和障碍。问问自己：我想做什么？我想去哪里？我想成为什么样的人？开始这场冒险永远都不晚。

弄清楚什么对你最重要

设定并完成目标是围绕你自信心的头等大事。自信心很大程度上集中在你完成目标、向着目标努力并不断制定新目标的能力上。你越有成就，你的自信水平就会越高。即使你失败了或者犯了错误，自信也体现在从这些错误中吸取教训而成长，并在下次更加努力。当你发现了什么对自己来说是最重要的，就会意识到做你喜欢的事情绝不可怕，失败的尝试也是过程中的一部分。

管理你的头脑

本书就是关于管理你的头脑的。你必须在整个过程中修炼积极的心态。挑战那些负面思维，不断重启大脑，努力平息那些恼人的担忧。与你消极的一面做斗争，拥抱你有成效、积极的一面，同时继续努力变得更加自信。

致力于成功

开始冒险的最后一步可能是最重要的：你必须向自己承诺，无论发生什么情况，无论有任何艰难险阻，你都将致力于实现你的目标。你基本上是在向自己发誓，每天都要向前迈出一步，专注于自己积极的一面，与那些不想要的想法做斗争，成为最好的自己。但是请等一等，还不止于此。你要相信自己能做到，也必会做到。

第二步：开始你的旅程

从这一步开始你就要为完成自己的杰作而开启旅程。至此，你应该已经衡量过该如何对你所做的一切进行自我奖励了。你应该承认你的错误还会继续，但现在你仍要满怀自信。你应该能够自信且自豪地说，你正致力于变得更好，因为你重视并欣赏自己。从小且容易的胜利开始，在前进的过程中实现越来越大的目标。对于每一次"胜利"，都要把它看得很重要，最终成就大事，给自己一个大奖励。这就是自信快速发展的方法。

构建知识

当你列出了自己的目标清单时，分析研究一下。看看你的强项都有哪些，再找出你还需要培养或学习哪些技能来实现所设定的目标。一旦你有了如何实现这些目标的想法，就去参加课程，围绕完成目标的步骤积累知识。努力获得技能证书，让自己有资格完成自己想要完成的事情。

专注于基础

做小事，但要做好。不要追求完美，只需做出改变，专注于基础的事情。在刚开始阶段，你不会想让自己被那些力所不及的复杂或精心设计的目标压垮。这样的事可以以后再做。

设定小目标并完成它

一开始就恪守下面这个常规：设定一个目标，完成它，庆祝你的成功，然后转向比之前目标更困难一些的目标。这一步的目标是养成设定目标并实现目标的习惯。只有随着时间的推移，你的目标才会设得越来越大，但关键是你要循序渐进，这样当你一直努力达到自己的最大目标时，就不会注意到难度的增加了。

继续完善你的心理

继续将挑战负面思维和过度思考等心理噪声作为头等大事。以积极的态度持续前行，放下对不确定性的恐惧。

第三步：向着胜利努力前进——采取行动

这是你采取行动来完成此前每一步的步骤。这是为你的所有成功做好准备的一步。至此，你已经弄清了你的冒险任务，完成了你的探索旅程，现在你已经准备好运用自己在旅途中发现的所有数据了。这是你采取行动来完成更困难和更持久目标的一步。每个目标的完成，都使你获得了更高的回报和更多的满足感。当你达到了所向往的目标——例如拥有了一套大房子，成为公司的中层——你可以庆祝过去的所有成就，并有信心在做其他任何事情时都能成功，因为你一直如此。自信不是一夜之间就能养成的，而是从现在（甚至可能是几星期或几个月前）开始几年后，才可以说你比这次冒险启动时更自信。

改变你和别人的关系

很多时候，我们内心的消极想法都是因周围的人而起。过度思考则会受到我们的决定和身边人告诉我们的信息的影响。既然我们已经学会了如何更加自信地做出更明智的选择，那么该是为自己做些决定的时候了。

下面是一些能帮助你识别生活中消极的人的要点：

- 他们是爱发愁的人。
- 他们对你的生活指指点点。
- 他们遮遮掩掩、城府很深。
- 他们悲观地看待这个世界。
- 他们对于你的建议及告诉他们的任何事情都很敏感。
- 他们是抱怨大王。
- 他们喜欢"但是"这个词。
- 他们不努力改变自己或自己的生活。
- 他们喜欢找借口。
- 他们消耗你的精力。
- 他们对每件好事都能看到黑暗的那一面。
- 他们自私自利。

与消极的人打交道

你的快乐可能来自你拥有的关系和所结交的朋友。但当你和消极的人打交道时，你的积极情绪却可能会开始减弱，然后就会回到你拿起本书之前的习惯。人类是社会性动物，所以说我们中的许多人都在相互学习别人的行为而生活也是有道理的。虽然我们努力不让所爱的人难过，但有时我们又不确定自己是否做错了什么事让他们难过。当然，我们不是与每个人都能和睦相处，但一定要努力为之。

与消极的人打交道可能会相当困难，但有一些应对他们的关键点：你无法控制他们，与他们相处时，你只能控制自己的行为。如果你能通过设定界限和自信来打理、修补或维系与这个人的关系，那么就这样做吧。如果你做不到，而且无论怎样努力，与他们的每一次互动似乎都仍然会感到在耗费自己的精力，那么最好的方法就是彻底摆脱他们，或者减少你与他们交谈的次数。

下面是处理消极或有害关系的一些健康方法：

● 设定积极的界限

消极的人不会意识到自己的消极，甚至不会认为别人的感受是他们的消极情绪造成的。当你和一个有害的人交往时，要考虑在内心和外部都设置界限。告诉自己，你不会容许他们让你感觉糟糕。当和某人在一起时，如果你的情绪或想法开始改变，就需要离开了。请善意地告诉他们，如果他们不能学会更积极的态度，你就不会参与这次谈话，然后礼貌地走开。

你可以做的另一件事是开始与他们交流。在与他们讨论任何事情之前，你先振奋精神，让他们感受到积极情绪。当你对消极的人说要他们积极起来时，他们会感觉遭到了责怪，而如果你的行为很积极，让他们感受到积极情绪，那么你的态度就会令其感到轻松，他们也会在与你互动的全过程中回报你的积极。这就可能形成密切关系和减少冲突。

● 审视一下这段友谊或关系的价值

你需要问自己几个关于人际关系的问题。试着写下所有你认识并想加深了解的人。然后，问自己："这些人对我来说是谁？我和他们的关系是怎样的？他们是消极的人吗？我经常和他们在一起，仅仅是因为，或者是否因为他们需要我的某些东西？"这些问题的答案可能会令你惊讶，也可能不会。然而，这些答案将帮助你辨识出这段关系是值得维护还是最好彻底放弃。

◉ 即使看起来像是针对你个人的，也不要太在意

一个消极的人对你说的任何话，都可能是因为他们今天过得不好。他们有自己的看法，他们吹毛求疵，或者觉得是想通过给你建议来帮助你。但是，你应该从他们给出的建议以及你对谈话的感觉，判定他们背后的意图。如果他们建议你做某事，那是因为他们非常关心你的需求，还是因为这是他们对你应该做什么或不应该做什么的看法？一个心态积极的人对别人说的话不会太在意，因为他们相信自己会做对事情。不管别人的语气如何，要多注意他们说的话，这样你才能知晓他们到底想表达什么。

◉ 要主动行动，不要被动反应

当我们浏览所列出的名单时，可能已经对那些在积极情绪方面比较挣扎的人有了大致印象。了解了这些后，下次在你面对这样的人的时候，就要有意识地创造积极的气氛，而不要等待机会才这样做。赞扬他们或者告之你钦佩他们哪些地方，以鼓舞他们的精神。这可能会让他们放松，让他们期待你的帮助。

● 确定关系的实际情况是什么

很多时候，我们以自己的方式看待事物，然后试图让别人也以我们的方式思考。我们提出建议，当他们不接受时，我们可能会感到难以置信，并因此而生气或不安。当面对一个消极的人时，想想你们关系的实际情况和他们自身的实际情况。他们为什么消极？你又能做些什么来帮助他们保持积极和清醒呢？在做完所有这些之后，你可以休息一下了。别太在意这些消极的人，要改变你对这种关系实际情况的看法。首先告诉自己："我能为朋友做的就是喜欢他们本来的样子。当他们需要的时候，我会帮助他们，但如果他们不愿意接受改变，那么我就需要做对自己最好的事情，并理解他们的需求。"

● 你不是解决问题的人

常言道："你无法帮助一个不想被帮助的人。"如果那些消极的人不想做出改变，就不要浪费你的精力去帮助他们，有时候你恐怕只能接受这个事实。克服过度担忧就是要放弃你无法控制的事情。所以，当你态度消极的伙伴继续消极时，提醒自己，你与他们只是朋友，不是来解决他们的问题的。你做他们的朋友，是因为你选择陪在他们身边。如果有朝一日你需要永远离开他们，那么离开可能正是你应该做的事。不要为此感到内疚。

改变你和配偶的关系

除了令人不快的伙伴会给你带来消极情绪外，一个令人不快的配偶，则会对你的负面思维模式造成更糟的影响。维护夫妻关系不易，需要付出努力，但在夫妻关系中，并不总是因为你们双方心理都不健康而有害，有时只是你们中的一方存在问题。一个有问题的人——或者配偶——可能不知道他有害或者使人消极，因为他太过沉溺于自己的需求、欲望、挫折、目标和利益，而不顾及对方。

下面有几个问题可以问问你自己，以确定你是否身处一段有问题的婚姻关系之中：

● 你和这个人在一起时感觉如何？

● 当你离这个人很近时，你有安全感吗？

● 你的配偶怎样影响了你的孩子和你的生活？

● 当你和配偶在一起时，你是否感到情绪上压力过大或疲惫不堪？

● 你和配偶在一起时更为紧张吗？

● 这个人爱操控别人或者不诚实吗？

● 你和配偶在一起时，与你们不在一起时相比，你感觉如何？

● 当你们在一起时，生活是否比你们没在一起时更具有挑战性？

● 你是否发现自己为了配偶的需要而在改变？

这些问题的答案会极大地挑战你的想法，并帮助你决定下一步该做什么。大多数人维持婚姻关系是因为他们能从伴侣身上获得一些东西。这包括感情、亲密关系、金钱、权力、孩子、你们共同建立的东西、爱，以及看不到负面变化的能力。我们留在这段关系中，是因为我们陷入了事情会改变的想法中，或者认为如果我们留下，事情就会改变。不管留下来的原因是什么，我们都需要冷静下来想一想，以决定为了我们的健康，是留下来值得，还是离开值得。

让你们的关系变得更好

如果你选择再试一次，那么有几件事你可能还没有做。如果下面的方法不很奏效，那么专业治疗可能就是更好的选择了。然而，你需要确定投入多少精力是合适的，因为要让一段关系变得健康，需要两个人共同努力。你们两人都需要努力重新了解对方（因为人是会随着时间的变化而变化的），投入更多的时间在自律、妥协、动力和愿望上面。如果这些方面都已消失，那么你们可以通过积极的力量把它们重新寻找回来。努力每天一起做点什么，从而在你们的关系中修复尊重和爱。

下面有一些建议，可以帮助你们回到正轨，或者"改变"现有的关系：

1. 和你的配偶谈谈

告诉你的配偶你到底需要什么，问题是什么，然后一起解决这些担忧，这对维护感情至关重要。当你和某人在一起一段时间后，你就会开始了解他的习惯、日常所为和生活方式。然而，我们却忘记了讨论彼此关心的问题，这通常以争吵或分歧而告终。当你说话时，确保用平和的声音和低沉的音调。尽量不要喋喋不休地抱怨你的烦恼，而是要始终保持积极的态度。

2. 多用"我"语句进行交流

很多时候，我们会陷入"你"语句中，例如，"你做得还不够"，或者"是你让我做这些事的，这是对你的反击"。有一件事需要弄清楚，那就是你的伴侣从不会对你的想法或行为负责。你为自己着想，而"你"语句可能会被视为责备或欺凌他人。为了避免这种敌意，要练习使用"我"语句，例如，"我觉得很受伤，是因为……"，或者，"我很难过，因为……"。当你告诉你的配偶他／她让你感觉如何时，在同一句话中，也告诉他／她可以做些什么来改变。例如，"你外出的时候不给我打电话，我觉得没有受到尊重；下次，我希望你能给我打个电话，或是回复我的留言。"

3. 保持一致

问题需要讨论，然后提出解决方案。一旦你为你们的关系确立了清晰的界限和新"规矩"，就要坚持下去。如果你的配偶不尊重你，那么就用以上的话语提醒他／她；如果你偏离了轨道，同样也请他／她提醒你。改善你们的关系是一个团队的努力，需要付出才能见效。

4. 做你自己，做最好的自己

如果你不管理好自己的欲望、需求和情绪，就无法专注于一段关系以及它对你的严格要求。所以，当你练习本书中的这些技巧时，要把它们运用到每一次对话中，这样你才能成为一个更快乐、更健康的自己。哪怕是为了你所爱的人，也要竭尽所能，不打折扣。

5. 花时间在一起

婚姻关系不仅仅是争吵和相互了解，它远不止于此。当然，你们会发生争吵和分歧，但你们在一起度过的无争吵的优质时间越多，你们的关系就会变得越健康，即使是在那些不顺利的艰难日子里。优质时间是指把容易分心的东西（例如你们的手机）放到一边，彼此一对一地交谈。一起打打牌，坐一坐，或者傍晚出去散个步。做你们早就想做的事情，做你们很久没有做的事情，或者回忆你们初次相遇时发生的事情，重新点燃你们的感情火花。

6. 身体接触至关重要

与优质时间一样，触摸也很重要。多项研究已证明，身体接触会释放让你快乐所需的内啡肽。要想在你们的关系中增进身体接触，首先要在公共场合牵着他／她的手，或者当你经过他／她身边时，抚摸其肩膀或背部。当时机合适时，再进一步，让触摸更亲密。

7. 认识到沟通的力量

我们所做的每一件事，都是围绕着沟通展开的。当我们争吵时，情绪会变得阴郁；当我们大笑时，心情又会变得更为快乐。我们说话、倾听和回应的方式，都与我们在谈话结束时感受到的是积极的还是消极的气氛有关。有时候什么都不说更好，沉默能说明很多问题。找一些关于交流的书籍，或者与专业人士谈谈，学习如何与你的配偶沟通，当然，也建议你的配偶这样做。

8. 做真正的自己

无论是谁，都不应该让你怀疑什么对你来说是最重要的。写下一张清单，列出绝对不能和不可商量的事情，然后是"可能"的事情。在这张清单上，看看你的核心价值观念是什么，并确保你的配偶知道这些是重要的界限。这就是你保持真实的自我的办法，并据此判断，如果你的配偶不准备妥协，你是否应该离开他／她。

9. 倾听你的伴侣

你在沟通课程中将学到的一件事情是，倾听是成功的一半。当你倾听伴侣的需求和愿望时，要全神贯注。这意味着要屏蔽所有让人分心的东西，例如音乐、电视、屋外的噪声，等等。当你们要谈话时，确保要到一个安静的地方，并且不是在忙碌的一天中间。这样你就能听到并努力理解你的伴侣在说什么。倾听是良好沟通有效且必要的步骤。

10. 传达你的需求

一旦你确定了你们的关系在哪里破裂了（或者是否正在走向破裂），就必须告诉你的配偶你想要什么。问他 / 她想看到什么，然后告诉他 / 她你更希望发生什么。没有人能读懂别人的心思，所以把你的愿望告诉你的配偶，可以极大地改善你们的关系。也许他 / 她把一些事情憋在心里已经有一段时间了，如果你愿意敞开心扉，不带偏见地倾听他 / 她需要说的话，那么你就能学会如何与之携手，一起去努力改善你们的关系。

The 7-Step

Plan to

Control and

Eliminate

Negative

Thoughts,

Declutter Your

Mind, and

Start Thinking

Positively in

5 Minutes or

Less

HOW TO STOP OVERTHINKING

第 7 章

以简单的日常练习
来克服拖延症

当谈到拖延症时，每个人都可能会与之扯上关系，因为没有人能否认它在自己生活中的存在。在你的一生中，至少有一两次，拖延症会发挥作用。每当你错过了最后期限，焦虑的程度就会上升，似乎要冲破你的大脑。你被迫尽可能快地完成项目，但在内心深处，你知道这是不可能完成的，因为有太多的事情要做。然而，你还是要试一试！拖延会让你的生活很痛苦，所以尽量不要让它成为一种习惯。

有些人想停止拖延，但做不到，因为他们不知道该如何去做。也有些时候，他们可能会失去所需动力。这很令人沮丧，我知道。你必须明白拖延的因素因人而异：

一名员工会拖延分配给他的项目。然后，他必须夜以继日地工作来完成这个项目。

一个学生会拖延学校的作业，直到最后一刻完成。

一名运动员会延迟药物治疗，因为他太在意当前的比赛。

如果你评估一下上面的每个例子，就会明白拖延使其中所提到的每个人都受到了影响。例如，运动员如果不立即治疗，将面临很多严重的问题。同样地，也会有许多情绪上的问题。

下面我将分享一些实用的日常练习，你可以照着做以克服拖延症。即使你犯懒或没有动力，这些练习也将能够帮助你战胜拖延症。在你开始阅读下面的练习之前，必须记住，可以从中选择任何一项。这意味着你不必强迫自己去养成下面的所有习惯。现在开始吧！

1. 为潜在的紧急情况寻找解决方案

拖延症不仅仅是一个坏习惯，而且是一个危险的问题。它将对你的健康产生巨大的影响。有时，你甚至可能会因此失去与家人之间的亲密关系。他们甚至会认为你不再关心他们了。在生活中，你会遇到一些意想不到的事情，例如灾祸、疾病，等等。形势不等人，你必须立即解决问题。在这种情况下，你将不得不放弃所有计划中的事情。有些时候，家庭大事可能会演变成可怕的局面，你无法回避，无法回到工作中。紧急情况来临前不会有预警，所以你必须忍受它们造成的困难。那么怎样才能避免出现紧急情况呢？你打算停下手头的一切来解决问题吗？或者如果你已经延误了工作，但这时又出现了紧急情况，你打算如何处理？如果你无视这些紧急情况，会怎么样？

为了处理紧急情况，你必须对你当下面对的紧急情况的类型有一个清晰了解。你可以想想回避紧急情况的后果。或者想想那些与这个紧急情况有关的人，如果你无视此情此景，他们会有什么感受？你能采取什么行动来解决这个突发问题，这样你就可以回到工作中去了？或者因为它不是人命关天的大事，你就推迟处理吗？

你不必再往深处想了，让我来告诉你。如果你工作得太辛苦，甚至没有时间陪伴家人，这意味着你正在失去生活中很多美好的东西，这是一种缺乏平衡的状态。你不是在过你一个人的生活——这就要说到聪明地工作了。你很容易变得忙碌起来，从而忘记了周围的人。或者你可以很容易地推迟那些你认为不重要的紧急情况，而这些紧急情况实际上可能会转化成严峻的问题。当然，你可能太忙了，甚至没有时间留给这些重要事情，但这些事情可能才是你的首要大事。

任何项目、约见或会议，都不值得让你忽视可能会影响到你所爱的人生活的紧急情况。我建议你，当有紧急事情发生时停下其他事情，因为拖延不仅与工作有关，也与生活有关。如果你能立即处理紧急情况，也就不必应付接下来会出现的最糟糕的局面了。

大多数时候，我们都认为拖延症只与工作有关，就是指我们如何耽误了工作。但我希望我已经指出了一些其他你也应该考虑的事情。

如果你组织与工作相关的活动，并在截止日期前完成了它们，或者如果已经完成了一半的工作，那么意想不到的紧急大事就可能不会对你的工作、生活产生巨大影响。重要的是要有条理，知道如何优先安排生活中的要事。

2. 每天回顾

另一个避免拖延的好方法是每天回顾和检查。你只需每天抽出 10 分钟，就能评估事情进展得如何。当你做回顾时，就能够发现你这一天的优先事项。然后，可以分析那些会对你的短期目标产生巨大影响的任务。为了让回顾过程更简单，可以考虑采用问答形式。你需要参加哪些预定的会议？有什么邮件需要今天回复吗？有什么文件需要今天编辑吗？有什么约会的时间可能会比预期的更长？哪些任务需要更多的关注？

同样地，你应该设计一些问答来了解当天的工作安排。但你不必拘泥于我提到的问题。相反，你可以准备自己的问答并遵循之。如果你每天都做这样的检查，就能够理解当天的安排。当掌握了这一安排，你就能够始终有条不紊地做事。你会对需要更多时间或快速反应的任务有适当的认识。因此，你就不会拖延了，因为你知道拖延会对目标产生消极影响。如果你想了解战胜拖延症最好的理念之一，那就是帕累托法则①。在你把它应用到日常活动之前，可以试着学习更多关于这个概念的知识。

---

① 帕累托法则（Pareto Principle），也称 80/20 法则、"八二法则"或"二八定律"，指在任何一组东西中，最重要的只占一小部分，约 20%，其余 80% 尽管是多数，却是次要的。——编者注

3. 任务，或者说是最重要的任务

如果你的一天开始时有一张任务满满的待办事项清单，就很难战胜拖延症。如果想按时、准确地完成任务，必须简化你的待办事项清单。那么怎样简化呢？如果你专注于最重要任务，这就非常简单了。你必须先搞定那些对你的长期目标有重大影响的任务。这是许多专门研究生产效率的专家所推荐的方法。

我的建议是选择需要当天处理的最重要的三项任务。最好选择两项期限紧迫的重要任务，加上一项会影响你的长期职业目标的任务。如果你留心这些最重要的任务，就能够遏制拖延症。一旦完成了这两项重要任务，你就会对当天必须完成的其他任务充满兴趣。如果你想成功地战胜拖延症，就必须要有做事的动力。

4. 艾森豪威尔矩阵

谁不喜欢高效率呢？当事情按照计划发生时，谁会不高兴呢？但有时候，事情并不会像计划的那样发生。如果你的生活像我一样，充满了经常性的紧急情况和变化，那么你就必须有快速做出决定的能力。

如果你想快速做出决定，那就需要艾森豪威尔矩阵（Eisenhower Matrix）的支持了。这个概念的发明人是德怀特·戴维斯·艾森豪威尔（Dwight Davis Eisenhower）将军。当你在军队中时，不可能总能按照计划工作，经常会发生突然而重要的变化，这就是他发明这个概念的原因。在这种经常有突变发生的情况下，艾森豪威尔矩阵概念就是指南。

如果艾森豪威尔能在军队中运用这一规则，那么我们当然也能在生活中运用它来避免拖延！当你运用这个概念时，不要忘记与之相关的四个象限。通过关注这四个象限，你将能够相应地处理每天的任务。下面就来详细介绍一下这四个象限：

象限 1：紧急且重要的任务

这些都是需要首先完成的任务，因为它们比其他任何任务都重要，而且直接关系到你职业生涯的目标。另外，你必须立刻完成这些任务，因为它们很紧急。如果你完成了这些任务，将能够避免消极后果。一旦你完成了象限 1 的任务，就可以专注于其他任务了。例如，如果你必须在当天提交一份计划，就应该全神贯注于那份计划上，因为它既紧急又重要。

象限2：重要但不紧急的任务

象限2的任务很重要，但并不紧迫。尽管它们可能会产生巨大的影响，但它们不像象限1中的任务那样对时间有要求。将象限2和象限1的任务做一比较，你就会清楚地理解其中的区别。一般来说，象限2中包括那些对你的长期职业生涯或人生目标有巨大影响的任务。是的，你需要分配更多的时间和注意力在这些任务上，但你很少这样做，因为你的大脑知道象限2中的任务可以等。

与此同时，你将一心扑在其他象限的任务上。不要犯这个错误，因为你的长期目标是你的短期目标存在的原因。例如，你的健康是一个重要因素，所以如果不花足够的时间在健康上，你会后悔的。然而，当你很忙时，就不太可能花时间在象限2的任务上了。特别是，你没有义务回答任何人关于象限2任务的问题。

象限3：紧急但不重要的任务

象限3中的任务很紧急，但你不必把时间花在这些事情上。你可以将其委托给能够处理的别人。这些任务不那么重要，所以委托给别人是完全可行的。这样的任务通常来自第三方，而象限3中的任务不会对你的职业目标产生直接影响。但是当你处理象限3的任务时，必须记下那些你委派出去的任务。例如，如果你正在做一个时间很紧迫的项目，这时电话响了，你接电话可能会分心。或者有些时候，这甚至可能不是一个重要电话。这样的事情，你可以分派给别人。即使是紧急电话，你也仍然可以分配给能处理的人去接。这样，你就能管理好自己的每一天！

象限4：既不重要也不紧急的任务

象限4中包括的是那些需要避免的任务。这些任务不必要浪费你的时间。如果你不花任何时间在象限4任务上，就能花更多的时间在象限2的任务上了。现在，你该知道象限4的任务都包括哪些了。总之，它们是像看电视、上网、玩游戏这样的活动。那么，你应该摒弃象限4的活动吗？哦，不！如果你没有平衡的生活方式，甚至可能要为保住工作而挣扎。无论何时你如果需要休息5分钟，或者想远离工作，象限4中的任务都会对你有帮助。但当你想提高效率的时候，这些任务甚至都不应该出现在你的脑海里。

将艾森豪威尔矩阵应用到你的生活中，要先在一张纸上或日志上画一张表，将表分成四列七行。按照七天划分行，并将象限加到四列中。当表准备好后，分析你一个星期的事情，但是先不要写下任何东西。在你开始新的一天之前，再次思考、分析并按照矩阵分配任务。如果另有事情发生，你必须花一些时间分析任务的性质，然后将其分类到相应的象限中。

一旦你完成了七天的工作，就可以研究这个表格，评估效率与效能了。当你第一次这样尝试时，是不会有惊喜的，但不要放弃。不断尝试，最终，你会发现自己将更多的时间花在了重要且紧急的任务之上。如果你一直坚持这样做，就能够周密安排日常任务，这将帮助你越来越成功！

5. 立即行动

有时候你遇到的任务不需要花很多时间，甚至连5分钟都不用，但你却拖延了。例如，晚饭后收拾餐桌，发个邮件，甚至换上睡衣（这就是懒惰）。即使这些任务花不了太多时间，你也不会去做，因为你觉得自己太忙了。

你忽略能迅速完成的小任务，就是要告诉自己有太多事情要做。但问题是每当你拖延这些小任务，它们就会越积越多，到最后你恐怕就不得不将其当成大任务来处理了。如果你不立即行动，到休息日时就会有很多事情要做。而且，如果你能迅速完成这些小任务，就能避免它们累积成更大的任务。如果你想完成小任务，有两种做法你应该考虑。

"两分钟规则"是你必须遵循的做法之一。如果你认为完成某项任务只需要两分钟或更少的时间，那就去完成它，而不是拖延着不做，这样不是挺好吗？所以，每当你遇到一些小任务时，都要先想想它是否会花很长时间来完成。如果不是，为什么不立刻搞定它呢？而且，如果你始终遵循这个习惯，你会感到自己正在消除很多消极情绪，也会有更多的时间花在重要的事情上。此外，你会觉得自己比以前做事更有条理，也比以前更有收获。

相反，如果你发现某项任务需要超过 5 分钟的时间才能完成，就必须在计划中安排一个时间来完成它了。

第二种做法是一次性处理所有可能的任务。举个例子，假设你收到了一封邮件，尽管需要回复，但还是拖延了。然而，当你稍后再查看这封邮件时，可能已忘记了邮件本身的详情，于是不得不从头再看一遍。不要把简单的任务变成巨大的痛苦，你本可以轻而易举地搞定的。一次性处理的概念可以帮助你完成这样的任务。如果你能清楚地看到结果，就必须采取必要的行动。例如，你可以马上洗碗而不是拖到以后。同样，有许多小任务都是你必须立即完成的。

如果你遵循这些概念，就能快速完成小任务，克服拖延症。实际上，伴随拖延症而来的压力也可以烟消云散。

以上这些简单的方法将帮助你战胜拖延症。你不必因为自己当下是个拖延的人而担心或看低自己。我们所有人在人生的某一阶段都曾是拖延者。只要尝试，每个人都能战胜拖延症！现在，你已经了解到许多可以采用的实用方法。你可以尝试运用它们，看看自己有没有什么改变！

你比自己想象的要强大得多，所以只有你自己，才能决定你是成为一个拖延者还是一个高效人士！

The 7-Step

Plan to

Control and

Eliminate

Negative

Thoughts,

Declutter Your

Mind, and

Start Thinking

Positively in

5 Minutes or

Less

H**O**W

T**O**

ST**O**P

OVERTHINKING

第 8 章

故障排除指南（假
如前文没有帮助到
你）

除了后面的"结论"部分，这是较简短的一章，用来总结和贯彻一下我们在本书中学到的东西。当你在黑暗和充满挑战的日子里偏离轨道，需要指点时，本章作为一个简要指南，可以帮到你。

重回正轨

假设你做了本书中所讲的每一件事，练习了所有的技能，然后突然之间，一切似乎又都崩溃了。你的消极思维模式又回来了，你又开始担忧和过度思考一切，你需要有一只手迅速地拉你一把——那么下面就是能让你重回正轨的三个简单步骤：

1. 识别问题，找出根本原因

通常，当我们试图革新时，那些旧习惯常会偷偷地溜回我们的生活中，使我们很难继续改变习惯。这是因为我们还没有找到问题的根源。试着通过解决触发因素来重新识别问题的根源。下面是一些触发因素的例子，就是它们可能会导致你偏离正轨：

- 来自变化和人际关系的压力。
- 因缺乏进步而厌烦。
- 慢性疾病或受伤。
- 环境改变，例如迁居或度假。
- 做得太多、太快。

为了避免你的旧习惯悄悄潜回，花点"独处时间"，想一想是什么最早触发了你的"复辟"。不要把这视为失败，而是看作一个获得了更多知识、重新开始的机会。

2. 通过进行积极习惯的训练，重新开始行动

回到最基本的问题上，提醒你自己，过度思考成不了

任何事，只会适得其反。不要忽视你的想法，而要承认它们，它们就在那里。制定一个"担忧时间表"，写下你在"担忧时间"要处理的担忧项目。练习静思，如果你一直静思效果不佳，那么就致力于一些体育运动。慢慢地做这些事情，会迫使大脑记住你正在试图养成的习惯，让你回到正轨，挑战你的思维模式。当你再度想明白这些事情后，再回过头来制定一些小目标，并在完成小目标后奖励自己。

3. 试试不同方法

不是所有的行动方法都适合于每个人，所以要找到一个更适合你的不同方法。例如，如果你的"担忧时间"是在晚饭后，大约下午 6 点，那么改在晚饭前，大约下午 3 点开始它。或者也许你计划每天早早醒来，开始运动，然后洗澡，但是你失败了，因为你发现你的一天因为一些例行公事而变得匆匆忙忙。那么就在你放松下来准备睡觉之前进行运动。通过寻找不同的方法，可能会发现一些最适合你的时间表的事情，然后走上正轨就会很容易。

在 5 分钟或更短的时间内平息焦虑（担忧）

焦虑和其他心境障碍是使你的旧习惯重新浮出水面的常见原因。这是因为我们的焦虑只容许我们做熟悉和"安全"的事情。焦虑不喜欢改变。你总是屈服于焦虑，向后倒退，而不是向前冲锋。这样的话，你也就不得不总是从头开始一些事情。克服这一问题的诀窍是找到能够让自己立即冷静下来的方法。

下面就是一些对症的办法：

1. 玩 5—5—5 游戏

5—5—5 游戏是一种基础训练技术。环视房间，说出你能看到的 5 件东西。闭上眼睛，深呼吸，说出你能听到的 5 件事。闭上眼睛，或者重新睁开眼睛，活动身体的 5 个部位，并说出它们的名字。（例如，活动手腕并大声说"手腕"，活动脚趾并大声说"脚趾"。）重新开始，尽可能多地这样做，直到你感到平静。要完全沉浸在当下，就好像你是第一次看到、听到和活动一样。

2. 做个快速运动

跳一跳、转转圈、伸展身体、踱踱步、活动一下面部肌肉、扭动你身体的每个部位、跳跳舞，或者做做其他任何能让你的身体动起来的动作。

做任何你能做的体育运动，例如慢跑或快步走，来换换环境。

有时候，你的身体需要的只是一点小小的运动，以来克服焦虑带来的肾上腺素激增。当你运动时，注意一下腿上的无力感或指尖的刺痛感。忽略它们，这将训练你的大脑以健康的方式克服这些不舒服的感觉。

3. 在你的脖子上围条冷毛巾

在你的脖子上围一条冷毛巾、放置一个冰块，或者洗个冷水澡，你就会把焦虑从身体里赶走。有时候，你的身体需要的只是一个迅疾刺激，以把你的注意力从焦虑或担忧的想法中转移开。

4. 吃个柠檬或香蕉

刺激味蕾也是一种快速刺激你身体系统的方法。吃柠檬会让你的脸皱起来，身体颤抖，于是导致焦虑的担忧或过度思考也会立即停止。香蕉含有大量的营养成分，能让你的血糖水平恢复正常。有时候，你可能只是因为摄入的糖分过高或过低而引起了血糖发作，所以一根香蕉就会使血糖水平恢复正常，这会让你感觉更平静。

5. 质疑你的焦虑

在你惊慌失措之前，花一分钟时间来表达你的想法。质疑你的想法。是什么引起了焦虑？这些想法陷入了哪种认知扭曲？你是否低估了自己立刻处理这件事情的能力？这是假警报吗？你对此能做些什么？可能发生的最坏结果会是什么？当你停下来完整地回答这些问题时，你会发现大脑没有足够的注意力把消极的症状传递到你的身体上，你也就能够同时思考如何回答这些问题了。这会让你感觉更平静。当这些问题得到回答后，花一分钟时间留意你的呼吸，可以坐下来，专注于你的呼吸。

快速消除负面思维的方法

当你发现自己的思维模式中所有的正面思维都被淹没，你陷入了被负面思维包围的无谓杂音时，遵照下面这些简单方法，可以迅速摆脱困境：

1. 切断

这个技巧要求你行动迅速。在你意识到自己正在进行负面思维的那一瞬，立刻将其切断。在你的头脑里大喝一声"停!"，甚至径直喊出声来。不要关注负面的想法，不要争辩，不要为自己辩解，也不要分析那些想法。就像负面思维不存在一样将其切断。马上想点别的事情，或者起身做点别的事情。找到能分心的事情，以便你不再倾听自己的负面想法。

2. 贴标签

如果切断负面思维这招不管用，那就给它们贴标签。承认你正思考的是负面的，提醒自己那只是一种想法。你可以选择关注它或者忽略它，但无论如何，你都不必按照它采取行动，因为它只是一种想法，并不能决定你的行动。只有当你允许负面思维控制你的行动时，它们才对你有影响力。问题不在于我们如何挑战自己的想法，而在于如何对它们做出反应。当我们对负面想法无动于衷时，就能重新掌握控制力。所以要反复对自己说："这只是一个消极的想法，我没有必要为它做什么。"

3. 夸张

另一种控制负面思维的方法是简单地夸大原来的想法。例如，假设你正在努力学习什么东西，但就是学不会。你已经跟它较劲几个小时了，你注意到自己在想："再试也没用了，我就是太笨，永远学不会了。"你要承认这是负面思维，然后使劲地夸大它，变得幽默起来。那么就说："是的，我的确是太笨了，即使我试着拧个灯泡，也拧不进去。而且因为我这么笨，所有人都会注意到，所以他们都会嘲笑我。等他们笑完后，我会给他们一个笑的理由，我要像袋鼠一样跳来跳去，像驴子一样大叫，直到每个人，包括我自己，都大笑起来。然后，我会让自己看看我能有多傻。"继续这样，发挥你的想象力，尽可能尖酸刻薄地讽刺自己，但决不要把你故意说的任何话都当真。当你这样做了，我打赌你的头脑会在这之后平静下来。

4. 抵消

这项技巧正好是上一项技巧的反面。当你的头脑说，"我太笨了"，那就说恰好相反的话，别再多说。于是看上去就像这样："我是这屋子里最聪明的人。"如果你的头脑说，"我永远做不到足够好"，那么就说，"我永远都会做到足够好"。当你的头脑说，"我太笨了，理解不了这些东西"，你可以说，"我太聪明了，理解不了这些东西"。这办法之所以管用，是因为当我们对自己的负面思维想得太多时，通常会害怕自己付诸行动。而当我们害怕付诸行动时，这种恐惧又通常会成真，因为我们最终会做一些我们非常努力不去做的事情，因为我们太关注它们了。所以当我们说与自己的想法相反的话时，我们并不是真的在关注它们，而是在强迫自己的头脑往正面思考。

5. 加强正面的肯定

对于每一个负面想法，都要想出两个正面肯定。所以，当你的头脑说"我不够好"时，你可以说，"我很感激我能为今天的世界做的足够多"，"我很出色，真是件好事。如果我放任那个负面想法而不顾，它真的会够我受的"。我们对每一个负面想法都要想出两个积极肯定，原因

171

就是我们要更加专注于正面思维而不是负面思维。在你的一天中，你可能会对自己感觉很好，你会相信自己让自己有了这样的感觉。

结 论

我希望你喜欢读这本关于如何关掉心理杂音的书。关于应对负面思维、过度思考和过度担忧的技巧，已经过彻底研究，我保证本书中的所有信息都是完全真实的。本书中提供给你尝试的技巧，已经过许多专业人士的讨论和解释，并被许多人试验过，证实它们是行之有效的。当你全副身心地投入其中时，它们就会发挥作用。

我希望你们在今后的生活中继续实践积极的技巧，真正学会避免负面思维和过度担忧的方法。此外我唯一的建议是，既然你已经读完了本书，请再回去标出书中你最喜欢的部分，或者把书页折角，当需要时就可以很快找到那些部分了。如此一来，当你在试图前进时发现自己倒退了，就可以很容易地回到本书中对你帮助最大的地方，从而解决问题。

祝你好运，前程似锦并保持健康！

干杯！

附录 1

一份免费礼物

START SAYING NO 开始说不

WITHOUT FEELING GUILTY 不用愧疚

SAY NO 说不

CHECKLIST 清单

我想送你一份礼物，以感谢你购买本书！在你的生活中，有一个不可或缺的神奇的字："不。"

这个简单的字可以帮助你关照自己，为你所爱的人腾出时间，缓解压力，减少过度思考。

记住，你有权利做你想做的选择，毫无恐惧和焦虑地说出你的想法。

下面这个清单将帮助你说"不"而不会感到愧疚。

你会发现：

● 开始说"不"的 8 个步骤。

● 停止愧疚的 12 件必做之事。

● 说"不"的 9 种健康方式。

要收到你的说"不"清单，请访问链接：

www.chasehillbooks.com

如果下载清单时有问题，请通过 chase@chasehillbooks.com 与我联系，我会尽快给你发送一份。

附录 2

一些你可能感兴趣的书

1. *Stop People Pleasing: How to Start Saying No, Set Healthy Boundaries, and Express Yourself*

《别再取悦他人：如何开始说"不"，设定健康的界限并表达自己》

你是否经常对人说"是"，以至于忘记了说"不"是什么感觉？

并不是你一人这样。

许多人都会为了取悦生活中的人，避免冲突，而把自己的欲望和需求搁置多年。虽然在有些情况下与人交往很重要，但你不能通过别人来定义你的生活。

为他人着想和牺牲自己的个性之间只有一条细微的界限，你可能会在不知不觉中就变成了一个取悦他人的人。

也许你一直过着常规般的生活，觉得自己必须保持安静，并对别人的感受负责。

或者，也许你认为避免"找麻烦"比做最真实的自己更重要。

虽然这些习惯似乎主导了你做的每件事，但你可以采取一些可行的步骤来创建一个新世界—— 一个你对自己的言行开放而自信的世界。

就像你与他人的关系一样，每个人取悦他人的经历都是独一无二的。然而，这种个性往往起自共同的根源，那就是让你困在别人期望的框框里。

通过帮助你确定最有益于你的步骤，蔡斯·希尔告诉你，就在此时此地开始做出改变，是完全可能的。

在《别再取悦他人》一书中，你将了解到：

● 除了不会说"不"外，表明具有取悦他人特点的 10 个标志。

● 一个循序渐进的 14 天行动计划，帮助你取得立竿见影的显著进步。

● 专门针对取悦他人的 4 种防御机制。

● 帮助你重新发现内心的自我、让你从寻求他人认可的感觉中解脱出来的多种练习和方法。

● 当你重新定义生活的界限时帮助你克服不适或挫折感的应对机制。

还有更多。

你有权做你想做的选择，毫无恐惧和焦虑地说出自己的想法。改变取悦他人的习惯，没有捷径可走。

像大多数重要的事情一样，改变你的既有模式需要时间。有了正确的工具和技巧在身边，你就能够顺利起步，并朝着想要的生活方式迈进。

如果你终于准备好改变自己，改变生活，那么就去找来这本书看一看吧。

2. *Assertiveness Training: How to Stand Up for Yourself, Boost Your Confidence, and Improve Assertive Communication Skills*

《自信心训练：如何坚持自己，增强自信，提高果决的沟通技巧》

不要再做一个容易被说服的人了，该是让你被看到，被听到，得到你应得的时候了。

你是否把生命中的大部分时间都浪费了，没能在身体上和精神上都去争取你真正想要的东西，只是被动地随波逐流？

你是否经常在考虑别人的感受，是否在过去做出了太多的妥协，让你感到不平和空虚？

你是否觉得自己从记事起就一直穿着不合脚的鞋子在走路，却从来不敢问问自己最重要、最基本的问题：

"我想要什么？"

你目前可能正面临着一场令人不安的内部冲突，你想知道如何坚持自己的主张，表达自己真实的想法、需求和意见，而又不会显得咄咄逼人或引起周围人的反感。

你的宽宏和善良确实是一把双刃剑，感觉上它们可能是你的弱点，但你需要认识到，它们也是你最令人钦佩的两大优点。

只有这样，你才能在生活中找到真正的平衡。

自信并不等同于咄咄逼人或不友好——在显示礼貌和友善的同时保持自信和坚定，完全是有可能的。

真正的自信植根于建设而非破坏人际关系的切实的内心渴望，然而在当今人们中却如凤毛麟角般稀罕。

仅仅是你为之奋斗的事实，就展现了你作为一个人而改变和进步的不可否认的实力和能力。

没有理由再被不适和恐惧所阻碍，通过正确的训练，你怯懦的天性无疑会减退，为你成为自信的人这一长久愿望腾出空间。

在《自信心训练》中，你将了解到：

● 如何识别那些阻碍你实现自我的微妙行为，以及如何开始将它们转变为更积极和自我肯定的习惯。

● 得到了科学证明的步骤，练习自我意识和情绪控制，以避免在你和自信的自我之间设置障碍的最常见的情绪挫折。

● 如何应对在你变得自信的第一次尝试中产生的焦虑和恐惧，使坚定自信成为你的第二天性。

● 大量基于情境的提示和技巧，将引导你准确地知道该说什么和做什么，让人们知道你不是一个好欺负的人。

● 全面指导你如何在工作场所做到自信，最终获得你应得的认可和尊重。

● 如何在消极行为和挑衅行为之间找到适当的平衡，以获得他人真正的尊重，而不受遗憾或恐惧的影响。

● 一个循序渐进的行动计划，带你踏上一段变革之旅，建立植根于与周围人礼貌而友好的接触的更多自信。

还有更多。

坚定自信不是一种天生的特质，但它是我们可以通过毅力和正确的指导而获得的一种技能。

别再使你的生活感觉像是让别人可以随心所欲使用的一个容器了，该是做出改变的时候了。

并不像你或许害怕的那样，自信不会给别人带来任何痛苦或仇恨。相反，它会建立健康的界限，使你和相识的人们能够更加诚实和自由地交流。

如果你想作为真实的自己而获得别人的尊重和钦佩，可以看看这本书。

3. *How to Stop Procrastinating: A Proven Guide to Overcome Procrastination, Cure Laziness & Perfectionism, Using Simple 5-Minute Practices*

《如何停止拖延：克服拖延症，治愈懒惰和完美主义的一个行之有效的指南，只需简单的 5 分钟练习》

你是否在拖延和懒惰中挣扎？你是否没有空闲时间留给爱人、家人或朋友？

你认为自己正在失去生活，潜力受限吗？你对自己、心爱的人感到不知所措或愧疚吗？

如果你想一劳永逸地停止这样，那就继续读下去。

拖延症是否会降低你的效率，这是毫无争议的。它的确会降低你的工作效率。例如，如果给你一个星期来完成一个项目，你应以最佳方式来完成它。但是，你可能会把时间花在浏览手机或看剧上。

当截止日期临近时，你可能不得不加速赶工来完成那项工作，这将在质量上留下极大隐患。

有时候，当你明白了拖延所造成的影响时，想要改正已经太晚了。在生活中，你必须抓住你得到的机会，因为机会只需要几秒钟就会移到另一个人的手里。

但我想分享一些有趣的事情。有些人即使因为拖延而被迫在短时间内做完工作，也能高质量地完成。是的，这样的人确实存在，我们将在这本书中讨论他们的习惯和诀窍。

是的，拖延比我们许多人想象的更危险。然而，所有问题都总有解决办法。即使对于拖延症，你也有很多实际的解决办法，可以通过勤奋和毅力来练习。

你将学到：

● 战胜拖延症的 27 个策略。

● 让你永远不再拖延的简单的日常练习、工具和应用程序。

● 如何治愈懒惰和改掉懒散习惯。

● 如何应对完美主义。

● 在更短的时间内做完事情的 10 个建议和技巧。

● 获得生活中你想要的一切的强大技巧。

即使有干扰，你也一定要能够集中精力在重要的事情上。如果知道怎样区分重要任务和琐碎任务，你就可以很容易地克服拖延症。

但困难在于改良你的头脑。为此，我们将讨论许多实用技巧和练习方法。所以这本书将帮助那些真正需要它的人，并为他们腾出时间。